**创新教学书系**

# 食品雕刻
# 教与学（第2版）

U0241872

陈怡君●主　编

秦　辉　谢世仁　苏月才　张　玉　邓　超●副主编

旅游教育出版社
·北　京·

策　　划：景晓莉

责任编辑：景晓莉

## 图书在版编目（CIP）数据

食品雕刻教与学/陈怡君主编. —北京：旅游教育出版社,2009.1（2012.12）
（创新教学书系）
ISBN 978－7－5637－1683－8

Ⅰ. 食…　Ⅱ. 陈…　Ⅲ. 食品－装饰雕塑　Ⅳ. TS972.114

中国版本图书馆 CIP 数据核字（2008）第 165432 号

创新教学书系

## 食品雕刻教与学
### （第 2 版）

陈怡君　主编

秦　辉　谢世仁　苏月才　张　玉　邓　超　副主编

| 出版单位 | 旅游教育出版社 |
| --- | --- |
| 地　　址 | 北京市朝阳区定福庄南里 1 号 |
| 邮　　编 | 100024 |
| 发行电话 | （010）65778403 65728372 65767462（传真） |
| 本社网址 | www. tepcb. com |
| E－mail | tepfx@ 163. com |
| 印刷单位 | 北京科普瑞印刷有限责任公司 |
| 经销单位 | 新华书店 |
| 开　　本 | 787×960　1/16 |
| 印　　张 | 10.5 |
| 字　　数 | 110 千字 |
| 版　　次 | 2012 年 12 月第 2 版 |
| 印　　次 | 2012 年 12 月第 1 次印刷 |
| 定　　价 | 24.00 元（含光盘） |

（图书如有装订差错请与发行部联系）

# 前　言

　　为适应中等职业教育发展的需要，各职业学校都在进行课程改革与教材建设的探索。站在新的历史起跑线上，我们开发了烹饪专业的创新教学书系，主要有《热菜制作教与学》《冷菜制作与艺术拼盘教与学》《食品雕刻教与学》《中式面点制作教与学》《西式面点制作教与学》《西餐制作教与学》。其中，《西式面点制作教与学》已被教育部评为首批"全国改革创新示范教材"。

　　在教材开发中，我们抓住职业教育就是就业教育的特点，强调对专业技能的训练，突出对职业素质的培养，以满足专业岗位对职业能力的需求。为便于教与学，我们还大胆地进行了教材与教参合二为一的尝试，定位在教与学的指导上，意在降低教学成本，更重要的是让学生通过教与学的提示，明了学习的重点、难点，掌握有效的学习方法，从而成为自主学习的主体。

　　教材以"篇"进行总体划分，每篇中以"模块"形式串联起各知识点，每个模块均设有知识要点、技能训练、拓展空间、温馨提示、友好建议、考核标准六个部分。知识要点部分，主要介绍必备知识和工具准备；技能训练部分，按操作流程进行讲解，分步骤阐述技能操作的先后顺次、标准及要点；拓展空间部分，为满足学生个性化需求准备了小技能、小窍门、小知识、小故事、小幽默等相关知识和拓展技能，教师和学生可自主掌握；温馨提示部分，是写给学生的学习建议,包括观察的方法、课内外练习的重点、安全与卫生等注意事项,以及为降低学习成本而建议采用的替换原料;友好建议部分,是一个与同行交流的平台,陈述的是教学的重难点、教学的组织、教学的时间安排等。

本书第一篇由苏月才编写,第二篇由张玉编写,第三篇由谢世仁编写,刀王超级食雕工作室邓超提供技术指导。图片由闭春桂和高毅设计拍摄。

由一线教师编著的教材实用性较强,加之与市场接轨和向行业专家讨教,使本教材具有鲜明的时代特点。本教材既可作为烹饪专业学生的专业教材,也可作为烹饪培训班教材。

本教材需275课时(含拓展空间部分灵活把握的83课时),供2年使用,教材使用者可根据需要和地方特色增减课时。

教材的编写是一个不断完善的过程,恭请各位专家对本教材批评指正。

作　者

2012.12

# 目 录

# 认识食品雕刻常用工具及
# 雕刻刀法和手法

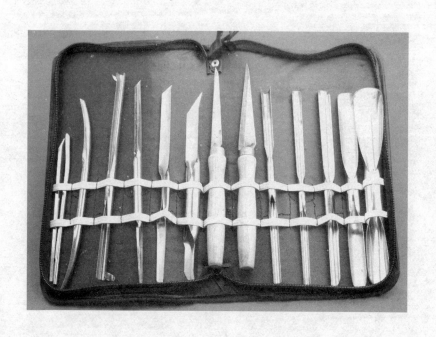

## 一、认识食品雕刻工具

雕刻食品的工具规格和式样很多,不同地区的厨师雕刻习惯不同,在工具的使用和设计上也有所不同。雕刻刀具的原料多选用不锈钢,在这里我们仅介绍几种常用工具。

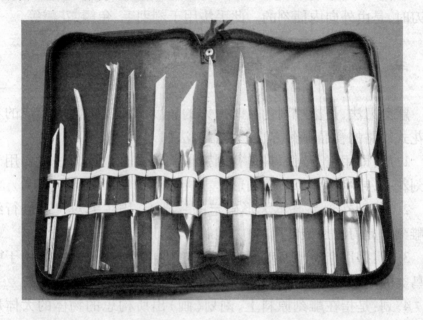

图片的左边从小到大排列的是 V 形槽刀,中间带木柄的是尖头主雕刀,图片右边从小到大排列的是 U 形槽刀。

## 二、掌握食品雕刻手法

食品雕刻的运刀手法,是指雕刻时持刀的姿势。虽然雕刻工具繁多,但通用的持刀的方法、姿势归纳起来主要有以下几种:

1. 横握手法:四指横握刀柄,拇指贴于刀刃内侧。雕刻时,一手拿原料,一手拇指按在原料上,其余四指上下运动。此手法一般用于雕刻花卉和修整粗坯。

2.直握手法:四指直握刀柄,拇指紧贴刀刃后侧。运刀时,刀具前后移动。此手法一般用于雕刻物品的粗坯和分解原料。

3.执笔手法:握刀姿势如握笔,运刀时,手可上下左右灵活移动。此手法主要用来雕刻物体的细部及各种纹路。

4.戳刀手法:与执笔手法大致相同,不同之处在于用戳刀手法运刀时,是由外向内插刻的。此手法用于刻羽毛、鱼鳞、花瓣等。

## 三、掌握食品雕刻的常用刀法

雕刻刀法,是指雕刻食品时入刀的角度和弧度不同而形成的不同花式纹路的食品雕刻方法。常用刀法如下:

1.旋:即用主刀对原料进行圆弧形旋转雕刻。此刀法主要用于雕刻花卉,或将物体修整成圆形。

2.刻:即在食品基本大形确定的基础上,用主刀对食品进行细化雕刻。此刀法是最常用、最关键的雕刻刀法。

3.戳:即用个类槽刀对原料由外向内插刻。此刀法主要用于雕刻鸟类的羽毛、鱼鳞、花瓣等。

4.划:是指在雕刻原料上,刻划(画)出所构思的物体的大体形态和线条,具有一定深度,然后再进一步雕刻。

5.镂:即用刀具对原料由外向内刻空,将图案周围多余部分刻去。此刀法主要用于雕刻瓜灯、瓜盅及浮雕等。

# 第一篇

## 花卉雕刻技能

## 模块 1  练习雕刻马蹄莲

【知识要点】

要点 1：寓意与作用

马蹄莲，属单片花，简洁大方，花叶较长，半透明，色彩以白色、黄色为主。由于马蹄莲叶片翠绿，花瓣洁白硕大，宛如马蹄，形状奇特，是备受人们喜爱的花卉之一。白色马蹄莲清雅美丽，它的花语是"忠贞不渝，永结同心"，象征纯洁，用途十分广泛。在食品雕刻中，多用于冷盘、热菜、展台的围边装饰及花篮、花瓶的插花等。

要点 2：常用原料

雕刻马蹄莲一般选用质地结实、体积较长大的根茎原料，如南瓜、白萝卜等。

要点 3：常用工具

雕刻马蹄莲常用主雕刀、U 形槽刀、V 形槽刀。

要点 4：常用手法与刀法

雕刻马蹄莲会用到横握、直握、执笔、戳刀四种雕刻手法及旋刻刀法（弧形刀法）。

【技能训练】

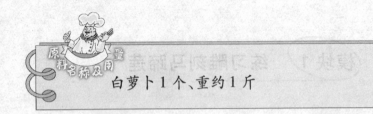

原料名称及用量

白萝卜1个、重约1斤

1. **粗坯修整**：用主刀将原料斜切成椭圆截面、长约8厘米的小段（图1）。用弧形刀法将其修成一头大一头小的马蹄形，并修圆（图2）。

图1

图2

2. **雕刻内花瓣**：用U形槽刀在椭圆截面上由旁边向中间刻深度约5厘米的花窝，然后再用主刀将花窝口的棱角修掉，使花瓣自然向外延伸（图3）。

图3

　　3.雕刻外花瓣:用主刀沿着花瓣外围由上而下斜切成一个锥体(图4)。然后再用V形槽刀沿花边槽刻一周,使花瓣向外翻卷(图5)。

图4

图5

　　4.雕刻花芯与花托:用心里美萝卜刻成柱状花芯,装入花窝即可(图6)。

图6

可用此法雕刻喇叭花。

## 小知识——马蹄莲

马蹄莲,别名慈姑花、水芋,属天南星科的球根花卉,马蹄莲属,为近年新兴花卉之一,作为鲜花,其市场需求较大,前景广阔。由于马蹄莲叶片翠绿,花苞片洁白硕大,宛如马蹄,形状奇特,是国内外重要的切花花卉,用途十分广泛。

马蹄莲寓意高贵、圣洁、虔诚、气质高雅、春风得意、忠贞不渝、永结同心、希望和高洁。

马蹄莲自然花期从 11 月至翌年 6 月,整个花期达 6~7 个月,而且正处于人们用花的旺季,在气候条件适合的地方可以收到种子。

【温馨提示】

1.注重取料与修整粗坯,因为粗坯选择的好与坏,将会直接影响下一步骤的操作好坏和整个花的形态能否栩栩如生。

2.雕刻花瓣时,注意把雕刻的花瓣向外翻卷,花瓣不能太厚,表面要光洁。要反复练习雕刻花瓣。

3.多用废料练习旋刻刀法、戳刀法,能自如地掌握好进刀的角度、深度。

4.花芯的中心位置应偏向花瓣根部一侧。

【友好建议】

1.教师应多用示范法、讲解法、练习法,指导学生掌握刀法。

2.可用萝卜片卷曲粘连成马蹄莲。

3.一般安排4课时:1课时,教师示范;2课时,学生练习,教师随堂指导;1课时,学生独立练习。

【考核标准】

| 考核项目 | 考核要点 | 分值 |
|---|---|---|
| 雕刻<br>马蹄莲 | 造型逼真、结构合理 | 50 |
|  | 刀工流畅、细腻光洁 | 30 |
|  | 15 分钟内完成 | 20 |
| 总　　分 |  | 100 |

## 模块2　练习雕刻白菜菊

【知识要点】

要点1：寓意与作用

白菊花，呈多层多瓣结构，花瓣呈丝条状，无规律，形态优美，品种繁多，是中国名花之一。菊花花瓣洁白如玉，花蕊黄如纯金，寓意纯洁无瑕、气质高雅。人们雕刻白菊花，常将其装点于热菜、冷菜的围边，或用作装盘及花篮、花瓶、展台的插花。

要点2：常用原料

雕刻白菜菊一般选用质地松散的菜叶类和根茎类原料，如大白菜、白萝卜。

要点3：常用工具

雕刻白菜菊常用主雕刀、V形槽刀。

要点4：常用手法

雕刻白菜菊常用到执笔手法、戳刀手法。

【技能训练】

大白菜1棵

1. 粗坯修整:选用新鲜、菜芯疏松的大白菜。去掉大白菜外层的老菜根、菜头和菜叶,取长度为 5 ~ 10 厘米的大白菜备用(图1)。

图1

2. 雕刻花瓣:手握 V 形槽刀,用戳刀法在菜叶外层,从上到下垂直戳到菜叶根部即成菊花瓣。一片白菜叶上可戳出5 ~ 8 个菊花瓣(图2)。用执笔法去除花瓣之间多余的废料(图3)。依照此技法将另外两层菜叶槽刻好(图4)。

13

图 2

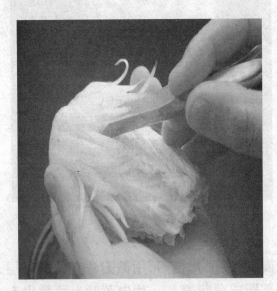

图 3

图 4

3.雕刻花芯:从菜叶的内侧槽刻,技法如步骤 2。刻完后,去掉花内的废料(图5),将其放入清水中浸泡后使其自然弯曲,即是一朵怒放的白菜菊(图6)。

图 5

图6

【拓展空间】

可用此法雕刻龙爪菊、挠头菊等。

## 小知识——白菊花

白菊花,原产我国,品种在3000种以上,为著名的观赏植物,又名甘菊、杭菊、杭白菊、茶菊、药菊。白菊花,不仅药用价值很高,而且还有延年益寿之功效,《神农本草经》把菊花列为上品,称为"君"。汉献帝时,秦山太守应劭著的《风俗通义》说,"渴饮菊花滋液可以长寿"。书中还记载了从西汉刘邦起,宫中就有重阳节饮菊花酒习俗的情况。

【温馨提示】

1. 选料时,应选新鲜、菜芯疏松的大白菜。

2. 刻菊花瓣时,应掌握好力度,特别是刻到菜根时,不能槽到下一层菜叶。

3.收花芯的花瓣应比外几层花瓣稍短,槽的方向也相反。

【友好建议】

1.刚开始练习时,可先将大白菜用稀释盐水浸泡,这样,雕刻花瓣时就不宜断裂。

2.一般安排4课时:1课时,教师示范;2课时,学生练习,教师随堂指导;1课时,学生独立练习。

【考核标准】

| 考核项目 | 考核要点 | 分值 |
|---|---|---|
| 雕刻<br>白菜菊 | 造型逼真、结构合理 | 50 |
| | 刀工精细、层次分明<br>粗细均匀、自然展开 | 30 |
| | 15分钟内完成 | 20 |
| 总　分 | | 100 |

## 模块3　练习雕刻龙爪菊

【知识要点】

要点1：寓意与作用

菊花花形呈碗状，花瓣细长，前端呈弯钩状，形似龙爪，为多层瓣结构，品种繁多，是中国的传统名花，被称为"伟大的东方名花"。它象征高雅和纯洁无瑕。本作品常被用作冷盘、热菜、展台的围边装饰及花篮、花瓶的插花等。

要点2：常用原料

雕刻龙爪菊一般选用质地结实、体积稍大的根茎类原料，如白萝卜、心里美萝卜、南瓜等。

要点3：常用工具

雕刻龙爪菊常用到主雕刀、V形槽刀。

要点4：常用手法与刀法

雕刻龙爪菊常用执笔手法、横握手法、戳刀手法及旋刻刀法（弧形刀法）。

【技能训练】

心里美萝卜1个、重约1斤

1.粗坯修整:将原料修成高与直径比例约为1:1的圆柱形,再将原料去皮后修整成"圆锥"形的圆柱体做粗坯(图1)。

图1

2.雕刻花瓣:用V形槽刀沿着花坯上端向花坯根部槽下去。槽刻时,应由浅到深刻一圈。应将花瓣槽刻成细条形略带钩状(图2),然后用旋刻刀法在雕好的花瓣下旋刻掉一层废料(图3)。用相同的技法槽刻出第二、第三层花瓣(图4)。

图 2

图 3

图 4

3. 雕刻花芯:将余下的原料修整光滑(图 4),再用 V 形槽刀槽刻出二至三层细条状的花芯,将其放入清水中浸泡后使其自然张开即可(图 5)。

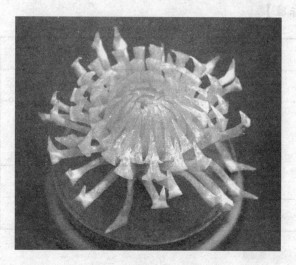

图 5

【拓展空间】

可用此法雕刻挠头菊。

【温馨提示】

1. 每个花瓣应槽得略深一些,以便能轻松取掉余料。花瓣之间要一瓣挨着一瓣槽刻一圈。

2. 第一、第二层花瓣应槽得长些,不然留下的花芯会过大。

3. 掌握好花瓣间层次的大小、距离、斜度的变化关系,以使花形美观。

【友好建议】

1. 教师应反复强调花瓣的层次关系。

2. 一般安排 4 课时:1 课时,教师示范;2 课时,学生练习,教师随堂指导;1 课时,学生独立练习。

【考核标准】

| 考核项目 | 考核要点 | 分值 |
|---|---|---|
| 雕刻<br>龙爪菊 | 造型逼真、结构合理 | 50 |
| | 刀工精细、层次分明<br>粗细均匀、自然展开 | 30 |
| | 12 分钟内完成 | 20 |
| 总　分 | | 100 |

## 模块 4　练习雕刻大丽花

**【知识要点】**

**要点 1：寓意与作用**

大丽花，又叫大丽菊、天竺牡丹、大理花等，其花形体积较大，呈半圆球形，花叶扁而长，为多层多瓣结构，层次分明。大丽花惹人喜爱，象征华贵。本作品适用于冷盘、热菜、展台的围边装饰及花篮、花瓶的插花等。

**要点 2：常用原料**

雕刻大丽花一般选用质地结实、体积稍大的瓜果、根茎类原料，如萝卜、南瓜等。

**要点 3：常用工具**

雕刻大丽花常用主雕刀、U 形槽刀和 V 形槽刀。

**要点 4：常用手法与刀法**

雕刻大丽花常用横握手法、执笔手法、戳刀手法及旋刻刀法（弧形刀法）。

【技能训练】

心里美萝卜1个、重约1斤

1. 粗坯修整:用主刀取原料高与直径比例为1:1.5 的小段,然后用旋刻刀法将原料修整成半球状(图1)。

图1

2. 雕刻花蕊、花瓣:用小号 V 形槽刀在半球的顶端槽出方格一样的花蕊(图2),然后先向着花蕊槽一刀,再在 V 字形截面下方顺着 V 字形向花芯深处用主刀的刀尖刻出第一层花瓣(图3)。

图2

图 3

3. 刻二、三、四层花瓣:用 V 形刀在第一层的两片花瓣之间槽出一圈刀痕,再用主刀在刀痕下刻出第二层花瓣(图4)。注意花尖应向外呈弯曲状。再依次刻出第三、第四层花瓣(图5、图6)。

图 4　　　　　　　　　　　图 5

图 6

25

**【拓展空间】**

可改用 U 形槽刀雕刻出圆形花瓣的大丽花。

## 小知识——大丽花

大丽花,是菊科多年生草本植物,春夏间陆续开花,霜降时凋谢。其色彩瑰丽多彩,以红色为主,花形与牡丹相似。

**【温馨提示】**

1.要重视取料与修整粗坯工作,以便为下一步操作和能雕刻出花的整体形态与层次打好基础。

2.掌握好花瓣间的层次关系、间距、斜度的变化,以保证花形的整体效果。

**【友好建议】**

1.教师应反复讲解花瓣的层次变化。

2.一般安排6课时:1课时,教师示范;4课时,学生练习,教师随堂指导;1课时,学生独立练习。

**【考核标准】**

| 考核项目 | 考核要点 | 分值 |
|---|---|---|
| 雕刻<br>大丽花 | 造型逼真、结构合理 | 50 |
| | 刀工精细、层次分明<br>排列整齐、呈半球状 | 30 |
| | 15 分钟内完成 | 20 |
| 总　分 | | 100 |

模块 5　　练习雕刻月季花

【知识要点】

要点 1:寓意与作用

月季花,又名胜春、瘦客、长春花、月月红。月季花花形大而艳丽,花瓣为不规则的半圆形,为多层多瓣的结构,层次间富有规律性,层次密而不乱,重叠而生。月季花象征圆满、美好,多被用于热菜的点缀以及展台、看盘的装饰等。

要点 2:常用原料

雕刻月季花一般选用质地结实、体积稍大的根茎类原料,如萝卜、土豆等。

要点 3:常用工具

雕刻月季花常用主雕刀。

要点 4:常用手法与刀法

雕刻月季花常用直握手法、执笔手法、旋刻刀法。

【技能训练】

心里美萝卜1个、重约2斤

1. 粗坯修整:先将原料用直握法修成高与直径比例约为1:1的圆柱状,再用旋刻刀法将原料下端修整成约20度角的圆锥体(图1)。

图1

图2

2. 雕刻花瓣:用执笔手法在圆锥体上刻画出三个相等的半椭圆形花瓣(图2)。再用旋刻刀法将花瓣上端与原料分离,并在其下旋刻掉一层废料(图3)。以相同的技法依次刻出第二、第三层花瓣(图4、图5)。

图 3

图 4

图 5

3. 雕刻花芯:将中间余下的原料用旋刻刀法修成低于第三层花瓣高度的花芯粗坯(图6),最后用执笔手法刻出一层层向内包的小花瓣,即成花芯(图7)。

图6

图7

【拓展空间】

可用此技法练习雕刻山茶花、荷花等。

## 小知识——月季花

月季花花期长达200天,因此得名"月月红"。其花朵有活血通经的药用价值,花香宜人,沁人心脾,闻之可使人精神愉悦、心情舒畅。

**【温馨提示】**

1. 雕刻花瓣时,要将原料均匀地分成三等份,否则,花瓣大小会不均匀。

2. 刻花瓣时要上薄下厚,以便造型。

3. 注意每层花瓣之间的大小、距离与斜度的变化,不然,会影响花朵形态。

**【友好建议】**

1. 教师应重点讲解示范月季花花瓣的层次与结构变化。

2. 教师应指导学生多观察月季花实物,以抓住其外形特点。

3. 一般安排6课时:1课时,教师示范;4课时,学生练习,教师随堂指导;1课时,学生独立练习。

**【考核标准】**

| 考核项目 | 考核要点 | 分值 |
|---|---|---|
| 雕刻<br>月季花 | 造型逼真、结构合理 | 50 |
| | 刀工精细、层次分明<br>厚薄均匀、表面光洁 | 30 |
| | 20分钟内完成 | 20 |
| 总　分 | | 100 |

## 模块 6　　练习雕刻荷花

【知识要点】

要点 1：寓意与作用

荷花，花大色艳，花瓣头尖呈圆形，为多层多瓣结构，花瓣层次分明，富有规律性。荷花是中国十大名花之一，出污泥而不染，清香远溢，凌波翠盖，深为人们所喜爱。它象征圣洁、高雅。作品多被用于冷盘、热菜、展台的围边装饰及花篮、花瓶的插花等。

要点 2：常用原料

雕刻荷花宜选用质地结实、体积稍大的瓜果、根茎类，如洋葱、白萝卜等。

要点 3：常用工具

雕刻荷花常用主雕刀、V 形和 U 形槽刀等工具。

要点 4：常用手法与刀法

雕刻荷花常用直握手法、横握手法、执笔手法、戳刀手法及旋刻刀法。

【技能训练】

心里美萝卜1个、重约1斤

1.粗坯修整:用直握手法取高与直径比例约为1:1的原料。把原料去皮后,将其下端用旋刻刀法修整成五个均等的斜面(图1)。

图1

2.雕刻花瓣:在原料底部用执笔手法分别刻画出五瓣呈桃形的荷花花瓣(图2)。接着用横握手法取出五个花瓣,再用旋刻刀法去除第一层花瓣的废料(图3)。用此技法依次雕刻出第二、第三层花瓣(图4)。

33

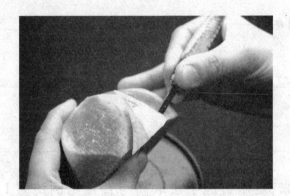

图 2

图 3

图 4

3.雕刻花芯:将中间余下的原料修整成柱形(图4)。用 V 形槽刀槽刻出一圈花芯(图5),再用小 U 形槽刀在莲蓬上钻出若干圆孔,在圆孔里插入青豆做莲子即可(图6)。

图5

图6

【拓展空间】

可用此技法练习雕刻山茶花等。

## 小知识——荷花

荷花,多年生水生植物。花色有白、粉、深红、淡紫等。花托表面为散生蜂窝状孔洞,受精后逐渐膨大成为莲蓬。每一孔洞内生一小坚果,即莲子。花期为6~9月,每日晨开暮闭。果熟期9~10月。

荷花的根茎长在池塘或河流底部的淤泥上,而荷叶挺出水面。在伸出水面几厘米的花茎上长着花朵。荷花一般长到150厘米高,荷叶最大直径可达60厘米。引人注目的莲花最大直径可达20厘米。

【温馨提示】

1.掌握好花瓣间的关系以及层次间的大小、距离、角度的变化,这是关系到雕刻效果的最重要因素。

2.雕刻出的莲蓬应上大下小,低于花瓣高度。

【友好建议】

1.教师应重点示范讲解荷花花瓣的形状特点、层次构造及变化。

2.一般安排6课时:1课时,教师示范;4课时,学生练习,教师随堂指导;1课时,学生独立练习。

【考核标准】

| 考核项目 | 考核要点 | 分值 |
|---|---|---|
| 雕刻荷花 | 造型逼真、结构合理 | 50 |
| | 刀工精细、层次分明<br>厚薄均匀、表面光洁 | 30 |
| | 10分钟内完成 | 20 |
| 总　分 | | 100 |

## 模块 7 练习雕刻山茶花

### 【知识要点】

要点 1：寓意与作用

山茶花，通常叫茶花。山茶花结构多层多瓣，花瓣呈半圆形。层次结构与月季花相似，层次间富有规律，密而不乱，重叠而生。山茶花是云南省的"省花"，盛开时如火如荼，灿如云霞，深受人们喜爱。其寓意是理想的爱和谦让。本作品适用于冷盘、热菜、展台的围边装饰及花篮、花瓶的插花等。

要点 2：常用原料

雕刻山茶花一般选用质地结实、体积较大的根茎原料如萝卜、土豆等。

要点 3：常用工具

雕刻山茶花一般选用主雕刀。

要点 4：常用手法与刀法

雕刻山茶花常用直握手法、横握手法、执笔手法及旋刻刀法。

【技能训练】

心里美萝卜1个、重约1斤

1. 粗坯修整：将原料用直握手法修成高与宽比例为1∶1的圆柱状，再用旋刻刀法将原料下端修整成约20度角的圆锥体。在圆柱2/3高度的地方，分别削出朝向底部的五个均匀的斜平面，使底部呈五边形（图1、图2）。

图1

图2

图3

2. 雕刻花瓣：修去斜面边上的棱角，使花瓣呈圆弧形（图2）。用横握手法刻出5片花瓣（图3）。用横握手法削去每两个斜平面之间的三角面余料，这样又形成了五个花瓣的面（图4）。再用刻第一层花瓣的技法雕刻出第二层、第三层花瓣（图5、图6）。

图4

图5

图6

3.雕刻花芯:将余料修整成半圆柱体(图7),再用旋刻刀法刻出一片片向内包的小花瓣即可(图8)。

图 7

图 8

【拓展空间】

## 小知识——山茶花

山茶花,是一种著名的观赏植物,花很美丽,通常叫茶花,种子可榨油,花可入药。它为常绿小乔木或灌木,株高约15米,叶子卵圆形至椭圆形,边缘有细锯齿。花单生或成对生于叶腋或枝顶,花径5~6厘米,有白、红、淡红等色,花瓣5~7片。

【温馨提示】

1. 修粗坯时要将原料均匀地分成五等份,否则,花瓣会大小不一。

2. 在刻花瓣时,第一层应比第二层的角度小一点,每层的角度应依次加大。

3. 应掌握花形的特点,灵活运用各种雕刻手法及刀法。

【友好建议】

1. 可先用小块原料练习雕刻五边形。

2. 总结已学花卉的雕刻特点,做到举一反三。

3. 一般安排6课时:1课时,教师示范;4课时,学生练习,教师随堂指导;1课时,学生独立练习。

【考核标准】

| 考核项目 | 考核要点 | 分值 |
|---|---|---|
| 雕刻山茶花 | 造型逼真、结构合理 | 50 |
| | 刀工精细、层次分明<br>花瓣厚薄、大小均匀 | 30 |
| | 15分钟内完成 | 20 |
| 总　　分 | | 100 |

## 模块 8　练习雕刻玫瑰花

【知识要点】

要点 1：寓意与作用

玫瑰花，又名赤蔷薇，花形有大有小，呈半圆形；结构多层、多瓣，花瓣呈半圆形向外翻。玫瑰花是一种常见的花，在生活中代表爱情与亲情。本作品适用于冷盘、热菜、展台的围边装饰及花篮、花瓶的插花等。

要点 2：常用原料

雕刻玫瑰花一般选用质地结实、体积稍大的根茎原料，如萝卜、南瓜等。

要点 3：常用工具

雕刻玫瑰花常用主雕刀、U 形槽刀等工具。

要点 4：常用手法与刀法

雕刻玫瑰花常用直握手法、横握手法、执笔手法、戳刀手法及旋刻刀法。

【技能训练】

心里美萝卜1个、重约1斤

1. 粗坯修整:用直握手法取高度与直径比例约为1.5:1的原料。用横握手法将原料去皮后修整成酒杯状,下小上大(图1)。

图1

2. 雕刻花瓣:用U形槽刀刻出外层的第一片花瓣,再用执笔手法去除第一片废料,使花瓣向外翻(图2)。依以上技法雕刻出其他花瓣(图3、图4)。

图 2

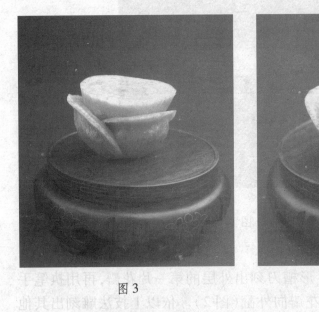

图 3

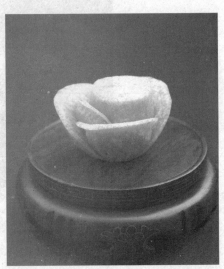

图 4

3.雕刻花芯:将余下的原料修整成低于第五片花瓣的圆锥体(图5)。用旋刻刀法刻出一层层向内收的小花瓣(图6)。

图5                                图6

【拓展空间】

## 小知识——玫瑰花

玫瑰花,又被称为刺玫花、徘徊花、穿心玫瑰。玫瑰花因枝秆多刺,故有"刺玫花"之称。玫瑰花花大色艳、香味馥郁,被人们誉为花中之王。它最宜用作花篱和在花径、花坛、坡地中种植观赏。其花可提取香精,花蕾可入药。

玫瑰花象征爱情和真挚纯洁的爱,人们多把玫瑰花作为爱情的信物,是情人间首选的花卉。玫瑰花也是爱情、和平、友谊、勇气和献身精神的化身,但不同颜色有不同的喻义,所以送花时应将不同花色的含义区别清楚。

【温馨提示】

1.修整粗坯时,底部应比顶部小。

2.掌握花瓣间的关系和层次变化,每片花瓣的距离不能大,花瓣间应是一层叠包一层的。

【友好建议】

1.花瓣造型复杂,雕刻难度较大,教师应反复讲解与示范。

2.一般安排6课时:1课时,教师示范;4课时,学生练习,教师随堂指导;1课时,学生独立练习。

【考核标准】

| 考核项目 | 考核要点 | 分值 |
|---|---|---|
| 雕刻玫瑰花 | 造型逼真、结构合理 | 50 |
| | 刀工精细、层次分明 | 30 |
| | 15分钟内完成 | 20 |
| 总　分 | | 100 |

## 模块9　练习雕刻牡丹花

【知识要点】

### 要点1：寓意与作用

牡丹花，花形呈不规则的半圆球形，花瓣呈不规则小齿半圆形，为多层多瓣结构，花形较大。牡丹花是人们熟悉、喜爱的花卉之一，号称"百花之王"。牡丹以它特有的富丽、华贵和丰茂，在中国被视为繁荣昌盛、幸福和平的象征。本作品适用于冷盘、热菜、展台的围边装饰及花篮、花瓶的插花等。

### 要点2：常用原料

雕刻牡丹花的常用原料一般选用质地结实、体积稍大的根茎类原料，如萝卜、南瓜等。

### 要点3：常用工具

雕刻牡丹花的常用工具有主雕刀、U形槽刀、V形槽刀。

### 要点4：常用手法与刀法

雕刻牡丹花的常用手法与刀法主要有直握手法、横握手法、执笔手法、戳刀手法及旋刻刀法等。

【技能训练】

心里美萝卜1个、重约1斤

1.粗坯修整：将原料用直握手法修成高与直径比例为1：1的圆柱形，再将原料底部用横握手法修成五边形的圆锥体（图1）。

图1

2.雕刻花瓣：将五边形的圆锥体的五条边的上端分别用U形槽刀槽刻出半圆的波浪纹（图2），再用横握手法在五个半圆的面上直接雕刻出第一层花瓣（图3）。在两片花瓣之间用横握手法除去第一层花瓣的废料（图4）。用雕刻第一层花瓣的技法雕出第二层和第三层花瓣（图5、图6）。

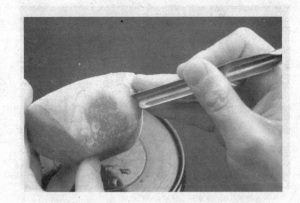

图 2

图 3

图 4

图 5

图 6

3.雕刻花芯:雕刻好三层花瓣后,将余下的原料用旋刻刀法将中间的原料修成向内包的花瓣(图7)。用U形槽刀戳出花蕊即成(图8)。

图7                          图8

【拓展空间】

## 小知识——国色天香牡丹花

牡丹,是我国特有的木本名贵花卉,其花大色艳、雍容华贵、芳香浓郁,而且品种繁多,素有"国色天香"、"花中之王"的美称。牡丹花观赏价值极高,在我国传统古典园林广为栽培。除观赏外,其根可入药,称"丹皮",可治高血压、除伏火、清热散淤等。花瓣还可食用,其味鲜美。

【温馨提示】

1. 修粗坯时,应保证五个截面均匀,不然会影响下一步操作和作品的层次关系,使花瓣大小与长短不一。

2. 刻花瓣时要上薄下厚、大小均匀。

【友好建议】

1. 掌握常见花卉的结构关系以及层次、大小、距离、斜度的变化,融会贯通于花卉的雕刻技法中。

2. 一般安排6课时:1课时,教师示范;4课时,学生练习,教师随堂指导;1课时,学生独立完成练习。

【考核标准】

| 考核项目 | 考核要点 | 分值 |
|---|---|---|
| 雕刻牡丹花 | 造型逼真、结构合理 | 50 |
| | 刀工精细、层次分明 | 30 |
| | 20分钟内完成 | 20 |
| 总　分 | | 100 |

# 第二篇

## 综合刀法与立体整雕技能

# 模块 10　　练习雕刻花瓶

## 【知识要点】

### 要点 1：寓意与作用

花瓶，无论是从婀娜的外形、华美的花纹，还是光滑的触感来说，都像极美貌的女子。此作品多用于冷盘、热菜、展台的围边装饰。

### 要点 2：常用原料

雕刻花瓶的常用原料是质地结实、体积较长大的瓜果、根茎原料，如实心南瓜、白萝卜等。

### 要点 3：常用工具

雕刻花瓶的常用工具是主雕刀、V 形和 U 形槽刀等。

### 要点 4：常用手法

雕刻花瓶的常用手法有直握手法、横握手法、执笔手法、戳刀手法。

【技能训练】

白萝卜1个、重约2斤

1.粗坯修整:将原料两头切平,用刨刀刨去原料的外皮,把原料刨成圆柱形,再用主刀将原料修整出花瓶的大致轮廓(图1)。

图1

2.雕刻瓶口、瓶颈:用V形槽刀将原料上端戳刻为五等份,再用主刀将瓶口雕刻成花朵形(图2),接下来用主刀在瓶口下雕刻出圆柱形的瓶颈(图3)。

图2

图3

3. 雕刻瓶体、瓶底：用主刀雕刻出两头小中间大的瓶体，最后用主刀刻出 S 形线条的底座(图4)。

图4

【拓展空间】

可用此技法练习雕刻方形、多边形花瓶。

## 小知识——花瓶

花瓶是一种器皿,多为陶瓷或玻璃制成,外表美观光滑,用来盛放植物。花瓶里通常盛水,让植物保持生机与美丽。

【温馨提示】

1. 花瓶瓶口、瓶颈与瓶身的比例为1:2,否则会影响整体效果。
2. 为了使瓶体光滑,可用细砂纸打磨抛光。

【友好建议】

1. 选料时一定要选用圆柱形的原料,这样才便于花瓶的造型。
2. 一般安排6课时:2课时,教师示范;4课时,学生操作练习,教师随堂指导。

【考核标准】

| 考核项目 | 考核要点 | 分值 |
|---|---|---|
| 雕刻花瓶 | 造型逼真 | 30 |
| | 结构合理、比例协调 | 30 |
| | 刀工精细、线条流畅 | 20 |
| | 60分钟内完成 | 20 |
| 总　分 | | 100 |

## 模块 11 练习雕刻花篮

【知识要点】

要点 1：寓意与作用

花篮，是社交、礼仪场合最常用的礼品之一，可用于开业、致庆、迎宾、会议、生日、婚礼及丧葬等场合。花篮尺寸有大有小，有婚礼上新娘臂挎的小型花篮，有私人社交活动中最常用的中型及中小型花篮，也有高至两米多的大型致庆花篮。此作品多用于冷盘、热菜、展台的围边装饰。

要点 2：常用原料

雕刻花篮的常用原料是质地结实、体积较长大的瓜果、根茎原料，如实心南瓜、白萝卜等。

要点 3：常用工具

雕刻花篮的常用工具是主雕刀、V 形和 U 形槽刀等。

要点 4：常用手法

雕刻花篮的常用手法主要有直握手法、横握手法、执笔手法、戳刀手法。

【技能训练】

一头大一头小的南瓜1个、重约5斤

1.用菜刀从南瓜大的一头大约2/3处下刀取料(图1)。

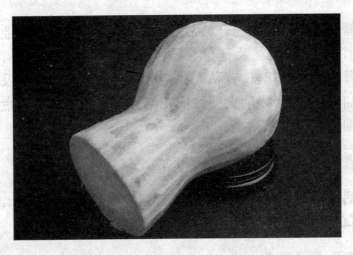

图1

2.用主刀在南瓜大的一头雕出花篮提手(图2、图3)。

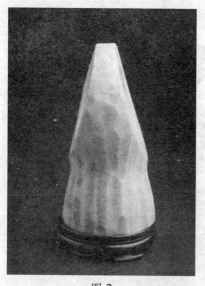

图2

图3

3.用刨刀刨去南瓜外层至表面光滑,再用尖头刀修出圆形花篮篮体(图4)。用三角槽刀将花篮提手戳出麻花图案,再用槽刀将花篮篮体戳出藤编图案(图5)。

图4

图5

4.装入五彩缤纷的雕刻花就可以了(图6)。

图6

【拓展空间】

## 小知识——花篮

雕刻的花篮在造型上有单面观及四面观的,有规则式的扇面形、辐射形、椭圆形及不规则的L形、新月形等各种构图形式。花篮有提梁,便于携带。提梁上还可以固定条幅或装饰品,成为整个花篮构图中的有机组成部分。

【温馨提示】

1.提手与花篮的比例关系为2:1。

2.必须将花篮表面刨得圆而光滑,可在花篮和提手上雕刻出各种花纹图案。

【友好建议】

1. 如何雕刻提手与花篮,可以分开教学和训练。

2. 一般安排 6 课时:2 课时,教师示范;4 课时,学生操作练习,教师随堂指导。

【考核标准】

| 考核项目 | 考核要点 | 分值 |
|---|---|---|
| 雕刻花篮 | 造型逼真 | 30 |
| | 结构合理、比例协调 | 30 |
| | 刀工精细、线条流畅 | 20 |
| | 60 分钟内完成 | 20 |
| 总 分 | | 100 |

# 模块 12 练习雕刻四角亭

【知识要点】

要点 1：寓意与作用

亭，在古时候是供行人休息的地方。水乡山村，道旁多设亭，供行人歇脚，有半山亭、路亭、半江亭等。由于园林作为艺术是仿自然的，所以许多园林都设亭。但正是由于园林是艺术，所以园中之亭很讲究艺术形式。亭在园景中往往是个"亮点"，起画龙点睛的作用。此作品多用于冷盘、热菜、展台的围边装饰。

要点 2：常用原料

雕刻四角亭的常用原料是质地结实、体积较长大的瓜果、根茎原料，如实心南瓜、白萝卜等。

要点 3：常用工具

雕刻四角亭的常用工具有主雕刀、V 形和 U 形槽刀等。

要点 4：常用手法

雕刻四角亭的常用手法主要有直握手法、横握手法、执笔手法、戳刀手法。

【技能训练】

白萝卜1个、重约2斤

1.用菜刀将原料切成长方体(图1)。

图1

2.用尖头刀先在原料上面正中划两条互相垂直、与四周平行的直线,逐一沿着一条线往下刻除一块余料,尖头刀的角度是45度(图2)。

图 2

3. 分别在两角之间成 45 度角切除余料,刻出翘檐(图 3)。

图 3

4.用尖头刀逐一按照翘檐弧线挖去余料,刻出亭顶(图4)。

图 4

5.刻除亭顶下面的余料,成四根柱子和底座(图5、图6)。

图 5

图 6

6.取一块胡萝卜原料刻成葫芦形状,安在亭子顶部。用刻线刀刻出翘檐的线纹(图7)。

图7

【拓展空间】

可用此技法刻出三角亭、六角亭、八角亭等。

## 小知识——亭

亭,从形式来说,十分美而多样。它造式无定,自三角、四角、五角、梅花、六角、八角到十字,形式多样。雕刻时,以因地制宜为原则,只要平面确定,其形式便基本确定了。

【温馨提示】

1.雕刻时,亭子的四个角要翘起来,瓦檐幅度大小要一致。
2.雕刻的柱子粗细要均匀,刻成后要轻拿慢放,以防断裂。

【友好建议】

1. 可通过组装的办法提高雕刻的速度。

2. 一般安排 6 课时:2 课时,教师示范;4 课时,学生操作练习,教师随堂指导。

【考核标准】

| 考核项目 | 考核要点 | 分值 |
|---|---|---|
| 雕刻四角亭 | 造型逼真 | 30 |
| | 结构合理、比例协调 | 30 |
| | 刀工精细、线条流畅 | 20 |
| | 60 分钟内完成 | 20 |
| 总 分 | | 100 |

# 模块 13    练习雕刻宝塔

【知识要点】

要点 1：寓意与作用

宝塔，是中国传统的建筑物。在中国辽阔的大地上，随处都能见到保留至今的古塔。中国的古塔建筑多种多样，从外形上看，由最早的方形发展成了六角形、八角形、圆形等多种形状。中国宝塔的层数一般是单数，通常有五层到十三层。古代神话中常常描写到塔具有的神奇力量，如托塔李天王手中的宝塔能够降妖伏魔，《白蛇传》中的白娘子被和尚法海镇在雷峰塔下等，这是因为佛教认为塔具有驱逐妖魔、护佑百姓的作用。此作品多用于冷盘、热菜、展台的围边装饰。

要点 2：常用原料

雕刻宝塔的常用原料主要有质地结实、体积较长大的瓜果、根茎原料，如实心南瓜、白萝卜等。

要点 3：常用工具

雕刻宝塔的常用工具主要有主雕刀、V 形和 U 形槽刀等。

要点 4：常用手法

雕刻宝塔的常用手法主要有直握手法、横握手法、执笔手法以及戳刀手法。

【技能训练】

胡萝卜1个、重约2斤

1. 用菜刀将胡萝卜切成上窄下宽的四角锥形粗坯(图1)。

图1

2. 屋面的高度约为层高的一半。刻第一层时,先刻出屋脊和屋面(图2),然后刻出屋檐,再刻出墙壁和墙壁下部的走廊(图3)。最后用同样的方法雕刻出其他几层(图4、图5)。

图 2

图 3

图 4

图 5

3.雕刻墙体结构,在每层墙体上刻出柱子或门窗等结构,使用 V 形槽刀戳出屋檐瓦片(图 6)。

图 6

4. 雕刻塔顶(刻成葫芦形状),安在塔顶再进行最后的修整装饰即可(图 7、图 8)。

图 7

图 8

【拓展空间】

可用此技法刻出六角塔、八角塔等。

## 小知识——宝塔

宝塔并不是中国的原产,它起源于印度。随着佛教从印度传入中国,塔也"进口"到了中国。"塔"是印度梵语的译音,本意是坟墓,是古代印度高僧圆寂后用来埋放骨灰的地方。现在,我们所见到的中国宝塔,是中印建筑艺术相结合的产物。

【温馨提示】

1. 选料时一定要选用长圆柱形的原料,这样才便于塑造宝塔形状。

2. 宝塔的结构复杂,其层数一般为单层,如五层、七层、九层、十一层等。

3. 应保证瓦檐的弧度大小一致,侧面所去废料应该相等,否则会出现塔身歪斜的现象。

【友好建议】

1. 让学生分别进行四边形、六边形、八边形宝塔的雕刻练习。

2. 一般安排6课时:2课时,教师示范;4课时,学生操作练习,教师随堂指导。

**【考核标准】**

| 考核项目 | 考核要点 | 分值 |
|---|---|---|
| 雕刻宝塔 | 造型逼真 | 30 |
| | 结构合理、比例协调 | 30 |
| | 刀工精细、线条流畅 | 20 |
| | 60分钟内完成 | 20 |
| 总　分 | | 100 |

# 模块 14　　练习雕刻石拱桥

【知识要点】

要点 1：寓意与作用

石拱桥，是我国传统的桥梁三大基本形式之一。石拱桥又是多种多样的。几千年来，石拱桥遍布祖国山河大地，随着经济文化的日益发达而长足发展，它们是我国古代灿烂文化中的一个组成部分，在世界上曾为祖国赢得荣誉。迄今保存完好的大量古桥，是历代桥工巨匠精湛技术的历史见证，显示出我国劳动人民的智慧和力量。一座古桥，能经得起天灾战祸的考验，历千百年而不坏，不仅是作为古迹而被保存，而且仍保持其固有的功能不变，堪称奇迹。桥梁在民间代表着友好、友谊、姻缘永恒的连接。此作品多用于冷盘、热菜、展台的围边装饰。

要点 2：常用原料

雕刻石拱桥的常用原料主要是质地结实、体积较长大的瓜果、根茎原料，如实心南瓜、白萝卜等。

要点 3：常用工具

雕刻石拱桥的常用工具是主雕刀、刻线刀等。

要点4：常用手法和刀法

雕刻石拱桥的常用手法有直握手法、横握手法、执笔手法、戳刀手法和旋刻刀法。

【技能训练】

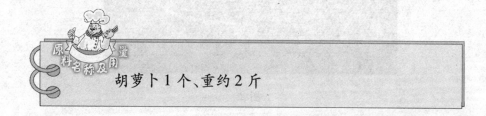

胡萝卜1个、重约2斤

1.用菜刀将原料直切成梯形，上下底面要平行，两侧梯形坡要一致(图1)。

图1

2.用尖头刀刻出桥的两边保护栏，使之露出桥面(图2)。

图 2

3.从梯形一侧的底部开始,用直刀先垂直于底面直刻一刀,再平行于底面横割一刀,与直刀处相会后除掉废料,逐一刻出台阶(图3)。

图 3

4.在梯形的中下部刻出弧形桥洞,用旋刻刀法将桥洞修平滑(图4)。

图 4

5. 用刻线刀在桥身上刻出大小一致的砖头纹路(图5)。

图 5

【拓展空间】

## 小知识——赵州桥

赵州桥,又名安济桥,也叫大石拱桥,坐落在河北省赵县城南5

里的洨河上。它不仅是中国第一座石拱桥，也是当今世界上第一座石拱桥。唐代文人赞美桥如"初云出月，长虹饮涧"。这座桥建于隋朝公元 605 年至 618 年，由一名普通的石匠李春所建，距今已有 1400 多年的历史。在漫长的岁月中，虽然经过无数次洪水冲击、风吹雨打、冰雪风霜的侵蚀和 8 次地震的考验，它却安然无恙，巍然挺立在洨河上。为使桥面坡度小，李春将桥高与跨度设计成 1：5 的比例，这样既便于行人来往，也便于车辆通行；拱顶高，又便于桥下行船。他又在大拱的两肩上，各做两个小拱，使得整个桥形显得格外均衡、对称，既便于雨季泄洪，又节省了建筑材料。其结构雄伟壮丽、奇巧多姿、布局合理，多为后人所效仿。李春设计的桥面坦直，共分三股，中间走车马，两旁走行人，不仅可使秩序井然，且又能防止交通事故的发生。在 1400 多年前，在技术十分落后的情况下，一个普通石匠有这样高超的技术，实为难能可贵。

**【温馨提示】**

1. 雕刻时，桥面要协调一致，台阶高低要大致相等。
2. 桥拱的跨度要适当，否则比例会不协调。

**【友好建议】**

1. 在教学中可先训练梯形的雕切，要求上下平行、两边角度相等。
2. 一般安排 6 课时：2 课时，教师示范；4 课时，学生操作练习，教师随堂指导。

【考核标准】

| 考核项目 | 考核要点 | 分值 |
|---|---|---|
| 雕刻石拱桥 | 造型逼真 | 30 |
| | 结构合理、比例协调 | 30 |
| | 刀工精细、线条流畅 | 20 |
| | 60分钟内完成 | 20 |
| 总　分 | | 100 |

# 模块 15　练习雕刻金鱼

【知识要点】

要点 1:寓意与作用

金鱼,也称"金鲫鱼",是由鲫鱼演化而成的观赏鱼类。金鱼的品种很多,颜色有红、橙、紫、蓝、墨、银白、五花等各种颜色,分为文种、龙种、蛋种三类。金鱼的头上有两只圆圆的大眼睛,身体短而肥,鱼鳍发达,尾鳍有很大的分叉。金鱼在民间象征富贵吉祥。此作品多用于冷盘、热菜、展台的围边装饰。

要点 2:常用原料

雕刻金鱼的常用原料以质地紧密、结实、体积较大的瓜果、根茎类原料为宜,如长南瓜、萝卜、荔浦芋等。

要点 3:常用工具

雕刻金鱼的常用工具有菜刀、主雕刀、V 形和 U 形槽刀等。

要点 4:常用手法与刀法

雕刻金鱼的常用手法与刀法有直握手法、横握手法、执笔手法、戳刀手法及旋刻刀法。

【技能训练】

实心南瓜 1 个、重约 4 斤

1. 用主刀在原料小头前面左右两边切掉两块余料成棱形,在棱形的中间用小号圆口刀戳一个圆孔,确定出金鱼头部与尾部的大致位置,再用主刀刻画出金鱼的大致轮廓(图1)。

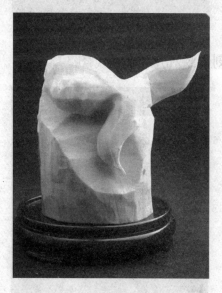

图 1

2. 在原料的上前端确定出嘴的部位,然后用圆口刀在嘴唇四周戳一圈,再挖去嘴中余料。用主刀在嘴的两侧刻出鱼鳃,再用小号三角槽刀在鳃上刻出线条,使鱼鳃逼真(图2)。

图 2

3. 用刻线刀刻鱼鳞和尾部纹路(图 3)。

图 3

4. 用尖头刀刻出胸鳍、腹鳍、背鳍的形状,再用刻线刀戳刻出各个鳍上的纹路,并正确地插在相应的部位上。最后用圆口刀在眼睛部位戳一刀,插上仿真眼即可(图4)。

图4

5.最后用主刀与画线刀刻画出水花即成(图5)。

图5

【拓展空间】

可将不同色彩的原料粘连,这样可以雕刻出色彩丰富的金鱼。

## 小知识——金鱼

金鱼,起源于我国。在中国,12世纪已开始金鱼家化的遗传研究,经过长时间培育,品种不断优化。现在,世界各国的金鱼都是直接或间接由我国引种的。金鱼身姿奇异,色彩绚丽,可以说是一种天然的活的艺术品,因而为人们所喜爱。根据史料记载和近代科学实验的资料,科学家已查明,金鱼起源于我国普通食用的野生鲫鱼。它先由银灰色的野生鲫鱼变为红黄色的金鲫鱼,然后再经过不同时期的家养,由红黄色金鲫鱼逐渐变为各个不同品种的金鱼。

作为观赏鱼,远在中国的晋朝时代(265～420年),已有红色鲫鱼的记录出现。在唐代的"放生池"里,开始出现红黄色鲫鱼。宋代开始出现金黄色鲫鱼,人们开始用池子养金鱼,金鱼的颜色出现白花和花斑两种。到明代,金鱼被搬进鱼盆里。

【温馨提示】

1.宜选择小块、粗细均匀、长短适中、比较挺拔的原料。

2.金鱼的头与身部相连,它们与尾部的比例为1:1。有时,会将金鱼尾部雕刻得更加夸张。

【友好建议】

1.可用小原料进行分组训练,练习雕刻金鱼、水花。

2.一般安排8课时:2课时,教师示范;6课时,学生操作练习,教师随堂指导。

【考核标准】

| 考核项目 | 考核要点 | 分值 |
|---|---|---|
| 雕刻金鱼 | 造型逼真、姿态生动 | 30 |
| | 结构合理、比例协调 | 30 |
| | 刀工精细、线条流畅 | 20 |
| | 60 分钟内完成 | 20 |
| 总　分 | | 100 |

# 模块 16 · 练习雕刻喜鹊

【知识要点】

要点 1：寓意与作用

喜鹊，又名鹊。其体形特点是头、颈、背至尾均为黑色，并自前往后分别呈现紫色、绿蓝色、绿色等光泽，双翅黑色，在翼肩有一大块白斑，尾远较翅长，呈楔形；嘴、腿、脚纯黑色。腹面以胸为界，前黑后白，雌雄羽色相似。在中华文化中，鹊桥常常成为连接男女情缘的各种事物，在民间，将喜鹊作为"吉祥"的象征。本作品适用于冷盘、热菜的围边装饰及展台的布置等。

要点 2：常用原料

雕刻喜鹊的常用原料一般以质地紧密、结实、体积较大的瓜果、根茎类原料为宜，如长南瓜、萝卜、荔浦芋等。

要点 3：常用工具

雕刻喜鹊的常用工具有菜刀、主雕刀及 V 形和 U 形槽刀等。

要点 4：常用手法与刀法

雕刻喜鹊的常用手法与刀法有直握手法、横握手法、执笔手法、戳刀手法、旋刻刀法。

【技能训练】

胡萝卜1个、重约2斤

1. **修整粗坯**:先用菜刀将原料切成楔形坯子(图1),在坯子侧面刻画出喜鹊的动态轮廓,并确定喜鹊尾巴的长度,画出头、身两个椭圆(图2),然后雕刻出喜鹊的上嘴和下嘴,并在身体两侧确定出一对翅膀的位置(图3)。

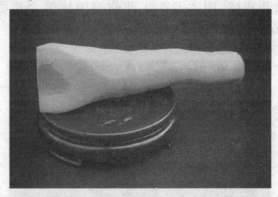

图 1

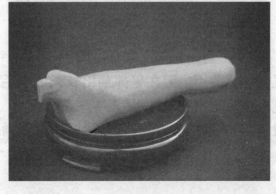

图 2

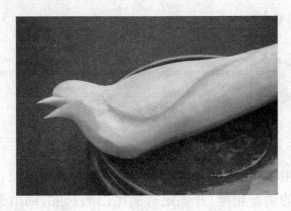

图3

2.雕刻嘴和翅膀:用主刀在头部前端用执笔手法戳出喜鹊翅膀上的羽毛(图4)。

图4

3.雕刻尾部、腿部:用主刀在尾部刻出长长的羽毛线条,在腹部的后端用执笔手法雕刻出一对鸟爪(图4)。

4.雕刻眼睛与细部:用主刀刻眼睛,用画线刀刻画细部羽毛(图5)。

图 5

【拓展空间】

可用此技法练习雕刻锦鸡、绶带鸟。

## 小知识——喜鹊

喜鹊,是自古以来深受人们喜爱的鸟类,是好运与福气的象征。在中国的民间传说中,每年的七夕,人间所有的喜鹊会飞上天河,搭起一条鹊桥,引牛郎和织女相会,因而,在中华文化中,常将喜鹊作为"吉祥"的象征。如两只喜鹊面对面,叫"喜相逢";双鹊中间加一枚古钱,叫"喜在眼前";一只獾和一只鹊在树上树下对望,叫"欢天喜地";流传最广的,则是鹊登梅枝报喜图,又叫"喜上眉梢"。

【温馨提示】

1. 喜鹊头部、腿部造型复杂,可用小块原料反复练习。
2. 课内可分部位进行教学,如头部、腿部等的雕刻练习。

【友好建议】

1. 喜鹊头部、腿部造型复杂,教师应重点讲解和示范。

2.一般安排8课时:2课时,教师示范;6课时,学生操作练习,教师随堂指导。

【考核标准】

| 考核项目 | 考核要点 | 分值 |
|---|---|---|
| 雕刻喜鹊 | 造型逼真、姿态生动 | 30 |
| | 结构合理、比例协调 | 30 |
| | 刀工精细、线条流畅 | 20 |
| | 60分钟内完成 | 20 |
| 总　分 | | 100 |

## 模块 17　练习雕刻鹦鹉

【知识要点】

要点 1：寓意与作用

鹦鹉，以其美丽无比的羽毛、善学人语的技能，为人们所钟爱。这些属于鹦形目、鹦鹉科的飞禽，分布在温带、亚热带、热带的广大地域。鹦鹉在民间象征吉祥如意。此作品多用于冷盘、热菜、展台的围边装饰。

要点 2：常用原料

雕刻鹦鹉的常用原料一般以质地紧密、结实、体积较大的瓜果、根茎类原料为宜，如长南瓜、萝卜、荔浦芋等。

要点 3：常用工具

雕刻鹦鹉的常用工具主要有菜刀、主雕刀、V 形和 U 形槽刀等。

要点 4：常用手法与刀法

雕刻鹦鹉的常用手法与刀法主要有直握手法、横握手法、执笔手法、戳刀手法以及旋刻刀法。

【技能训练】

原料名称及用量

长南瓜1个、重约2斤

1. 粗坯修整：用直握手法将原料底部切平，用尖头刀把原料上面部分的两边削去，将中间削成扁尖形（图1）。在原料的上前端用执笔手法刻出鹦鹉头部的轮廓（图2）。

图1                                 图2

2. 雕刻头部：用执笔手法刻出扇形的鹦鹉冠羽，再刻出扁圆钩形的嘴，然后在头部的中上部刻出眼睛（图3）。

3. 雕刻身体：向下延伸把身体修成椭圆形，在身体两侧刻出鹦鹦翅膀的轮廓(图3)。

图3

4.雕刻翅膀、尾部:用U形刀戳刻出鹦鹉翅膀的三层羽毛,小复羽为鳞片形、中复羽为中片、飞羽为长片。戳刻的方向从翅膀的根部开始到翅尖,最后削去飞羽下面的废料使翅膀显现出来。在身体后下端用主刀刻出扇形的尾部轮廓,再用V形槽刀刻出六七根尾毛,从下往上刻,并把尾羽下面的余料用主刀修去(图4、图5)。

图4

95

图 5

图 6

5.雕刻腿部:用主刀先把腹部修圆,在腹部的后端用执笔手法雕刻出一对鸟爪,分别是前后脚趾各两只。挖去腿下面和腿中间的余料,使鸟爪显现出来(图6)。

6.装饰及修整:最后用U形刀戳刻出假山石、头颈羽毛,再进行细部修整就可以了(图7)。

图 7

【拓展空间】

使用此雕刻方法,可练习雕刻锦鸡、绶带鸟等作品。雕刻时,应掌握它们头部和嘴部的特征。

【温馨提示】

1. 鹦鹉头部、嘴部造型复杂,可用小块原料反复练习。
2. 雕刻时要注意,飞羽的羽毛外侧较长而内侧较短。

【友好建议】

1. 鹦鹉头部、嘴部造型复杂,教师应重点讲解和示范这部分内容。可按部位进行教学。
2. 一般安排 8 课时:2 课时,教师示范;6 课时,学生操作练习,教师随堂指导。

【考核标准】

| 考核项目 | 考核要点 | 分值 |
|---|---|---|
| 雕刻鹦鹉 | 造型逼真、姿态生动 | 30 |
| | 结构合理、比例协调 | 30 |
| | 刀工精细、线条流畅 | 20 |
| | 60分钟内完成 | 20 |
| 总　分 | | 100 |

# 第三篇

## 主题性雕刻技能

# 模块 18 练习雕刻鸟语花香

【知识要点】

要点 1：寓意与作用

鸟鸣叫，花喷香，形容春天的美好景象。鸟的种类很多，作品中的小鸟不拘泥于某一种，只是泛指的小鸟。雕刻时，只要抓住鸟的头、躯体、翅膀、尾部和脚爪的基本特征即可。作品展现出动与静的和谐之美、人与自然的和谐之美，表现了人们对大自然的热爱、对美的追求。其造型适用于各种中高档宴席、菜肴的装饰及展台布置。

要点 2：常用原料

雕刻鸟语花香的常用原料主要是质地结实、体积较长大的瓜果、根茎原料，如实心南瓜、心里美萝卜等。

要点 3：常用工具

雕刻鸟语花香的常用工具是主雕刀、V 形和 U 形槽刀等。

要点 4：常用手法

雕刻鸟语花香的常用手法主要有直握手法、横握手法、执笔手法、戳刀手法。

【技能训练】

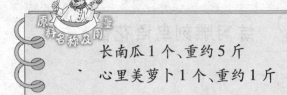

长南瓜1个、重约5斤
心里美萝卜1个、重约1斤

1.雕刻花卉:用雕刻花卉的技能将心里美萝卜雕刻成一朵月季花,浸泡在清水中待用(图1)。

图1

2.分步骤雕刻小鸟

(1)在南瓜实心部分的顶部,运用综合刀法分别雕刻出小鸟的嘴、颈、腿等粗坯,勾画出小鸟的轮廓(图2)。

图2

　　(2)在南瓜空心部分的下段,用主刀刻出小鸟翅膀的鳞片状小复羽(图3)。

图3

　　(3)依次用U形槽刀在小复羽上部雕刻出第二层稍长的复羽(图4)以及第三层飞羽,并将多余的废料取出(图5)。

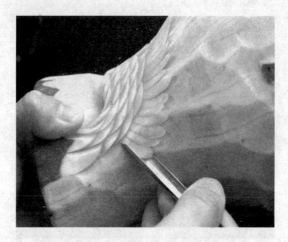

图 4

图 5

3. 修整组装:将雕刻好的翅膀组装在小鸟的身体上(图6)。

图6

4. 成型：在小鸟周围配上雕刻好的花朵和假山即可(图7)。

图7

【拓展空间】

使用此方法,可雕刻喜上梅(眉)梢、双燕迎春等作品。雕刻的关键是掌握动物头部、尾部的特征,合理搭配树枝与花卉。

【温馨提示】

1.仔细观察老师的雕刻手法,特别是鸟的比例关系和动态的处理技巧。

2.在刻小鸟嘴部的时候,刀身要倾斜45度,避免将鸟嘴刻得很扁。

【友好建议】

1.教师应重点讲解示范作品的整体与局部的关系。

2.一般安排8课时:2课时,教师示范;3课时,学生重点进行小鸟练习;3课时,学生独立完成整个作品。

【考核标准】

| 考核项目 | 考核要点 | 分值 |
| --- | --- | --- |
| 雕刻<br>鸟语花香 | 造型独特、动态逼真 | 30 |
| | 结构合理、比例协调 | 30 |
| | 刀工精细、线条流畅 | 20 |
| | 120分钟内完成 | 20 |
| 总　分 | | 100 |

# 模块 19　练习雕刻鲤鱼跃水

## 【知识要点】

### 要点 1：寓意与作用

在我国传统文化中，因"鱼"与"余"谐音，人们常用鲤鱼来表达富裕盈余之意，另有流传久远的"鲤鱼跳过龙门就变成龙"的民间传说，后世常以此祝颂人们高升、幸运。本作品造型蕴涵了积极进取、追求年年有余的幸福生活的内涵，适用于各种中高档宴席、菜肴的装饰及展台布置。

### 要点 2：常用原料

雕刻鲤鱼跃水的常用原料是质地结实、体积较长大的瓜果、根茎原料，如实心南瓜、大萝卜、荔浦芋等。

### 要点 3：常用工具

雕刻鲤鱼跃水的常用工具有主雕刀、V 形和 U 形槽刀等。

### 要点 4：常用手法

雕刻鲤鱼跃水的常用手法主要有直握手法、横握手法、执笔手法、戳刀手法。

【技能训练】

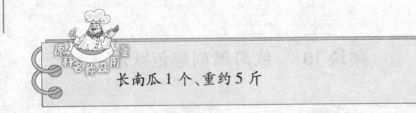

原料名称及用量

长南瓜1个、重约5斤

1.粗坯修整:用主刀先将南瓜的实心部分修圆,修整出鲤鱼头部、身体、尾部的轮廓(图1、图2)。

图1

图2

2.雕刻头部:用执笔手法刻出鲤鱼跳跃的整体轮廓,再刻出长椭圆形的鱼唇,并分出上下唇,上唇略长于下唇,并在鱼唇下刻出凹形,使鱼唇微翘。在鱼头的两侧刻出一对半圆形的鱼鳃(图3)。

图3

3. 雕刻身体:用画线刀刻出鱼鳞,再刻出鲤鱼的尾部,注意尾部要向内翻翘。另取小片原料刻出鱼的背鳍、腹鳍、胸鳍并组装在一起(图4、图5)。

图4

图5

4.组装、修整和装饰:将鲤鱼下面的原料雕刻成浪花作衬托即可(图6)。

图6

【拓展空间】

鲤鱼造型稍宽扁,身体外形为流线型,曲线柔和流畅。鱼鳞稍大,带有金属光泽,层层相叠,前大后小,极富规律。使用此雕刻方法,可雕刻出难度较大的作品"鲤鱼跳龙门"。

## 小知识——鲤鱼跳龙门

古代传说,黄河鲤鱼跳过龙门,就会变成龙。龙门,在山西河津和陕西韩城之间,跨黄河两岸,形如门阙。鲤鱼跳龙门,常作为古时平民通过科举高升的比喻,纹饰即依此组成,在刺绣、剪纸、雕刻中常被广泛应用,被作为幸运的象征。

【温馨提示】

1. 学生应注意观察老师示范时的雕刻手法。操作时,应掌握鲤鱼头部特点及各部位比例关系,鲤鱼头部约占整个鱼体的1/3。雕刻鱼鳞时,一定要从鱼鳃后部开始,应尽可能使鱼鳞的大小、距离一致。

2. 鲤鱼身体与尾部的翻翘幅度一定要协调、自然,以表现出翻腾的效果。

3. 鲤鱼背鳍的表现手法可夸张一点。

【友好建议】

1. 教师示范时,应突出鲤鱼各部位的造型比例关系和头部的外形特点。

2. 教师应反复强调并指导学生把握好鲤鱼的神韵,突出鲤鱼身体与尾部翻腾的姿态。

3. 一般安排8课时:2课时,教师示范;3课时,学生进行鲤鱼身体雕刻练习;3课时,学生独立完成作品。

【考核标准】

| 考核项目 | 考核要点 | 分值 |
|---|---|---|
| 雕刻鲤鱼跃水 | 造型独特、动态逼真 | 30 |
| | 结构合理、比例协调 | 30 |
| | 刀工精细、线条流畅 | 20 |
| | 120分钟内完成 | 20 |
| 总　分 | | 100 |

# 模块20 练习雕刻雄鸡报晓

## 【知识要点】

### 要点1：寓意与作用

雄鸡打鸣时总爱选择高处,站在醒目的位置,蹬腿,伸颈,仰头,一系列的亮相之后,告诉人们新的一天开始了。雄鸡在我国传统文化中有着谦恭、勤快、尽心尽责、任劳任怨的美誉。雄鸡同时又是雄赳赳、气昂昂的勇士的化身,因而在民间被作为避邪的吉祥物。其造型适用于各种中高档宴席、菜肴的装饰及展台布置。

### 要点2：常用原料

雕刻雄鸡报晓的常用原料是质地结实、体积较长大的瓜果、根茎原料,如实心南瓜、大萝卜、荔浦芋等。

### 要点3：常用工具

雕刻雄鸡报晓的常用工具有主雕刀、V形和U形槽刀等。

### 要点4：常用手法

雕刻雄鸡报晓的常用手法有直握手法、横握手法、执笔手法、戳刀手法等。

【技能训练】

长南瓜1个、重约5斤

1. 粗坯修整：取长度为1倍于直径的南瓜原料，去皮后用菜刀将直立的圆柱原料从上端中间到原料纵向约1/2处，左右各切一斜面，然后再从上端约2/3宽度处向下切一刀至纵向约1/3处，并去掉废料，使粗坯呈"b"形（图1）。

图1

2. 雕刻头颈部：从粗坯上端距边沿1厘米处用主刀向下刻约是上端宽度1/2深的槽，并去除废料，以确定鸡冠子的高度，然后刻出头顶的曲线轮廓,将头顶以上冠子的原料刻成约2毫米厚的薄片,并刻出冠子的形状。之后将张开的喙刻出,并在喙的下方刻出左右一对水滴形垂冠。将椭圆形的头形刻好后,在头部的前上方刻出左右一双眼睛,在头部的后下方刻出月牙形的对称的耳郭,最后在头下方刻出颈部略弯曲的外形曲线和外凸的胸部,并自上而下刻出颈部的毛(图2、图3)。

图2

图3

3.雕刻身体:先确定身体的大小,把背部与后颈及尾部的关系刻好,把腹部与胸部的关系刻好。身体的宽度是身体长度的1/2左右,应将身体外形刻成微凸的曲线形,然后在身体左右两侧、颈部的下后方,刻出翅膀,翅尖要往下斜,翅膀上的羽毛也要相应地层层往下斜(图4)。

图 4

4. 雕刻尾部：先确定尾部高度，再刻出向上翘起后自然垂下的尾部外形曲线。尾部前端与身体末端相接。身体末端是左右两个面的相交处。尾部前宽后窄，近似三角形。然后在翅膀的后面刻一层比颈部羽毛小的细长羽毛，去一层废料之后，在尾部的两个面刻出与整个尾部弯曲度基本一致、与颈部羽毛长度相仿的大尾羽（图5）。

图 5

5.雕刻脚爪:先将腹部下剩余的原料修整成与身体两侧宽度一样,然后在腹部下方偏后的位置刻出一双向下直立的脚爪。最后修整组装即可(图6、图7)。

图6

图7

【拓展空间】

使用此方法,可雕刻鸡的不同造型。在构图中还可使公鸡、母鸡乃至小鸡同时出现,以展现和谐、温暖、团结的氛围。

## 小知识——雄鸡报晓

雄鸡报晓,红日东升,正所谓"一唱雄鸡天下白",所以,雄鸡又是光明、希望和未来的象征。

【温馨提示】

1.要掌握作品中雄鸡的结构比例关系,可用"三开"法,即把握住雄鸡的头颈部、身体与尾部的比例基本上各占身体1/3的关系。

2.作品应能表现出雄鸡叫时的动态:头要略向上抬起,颈部上扬,胸部挺起。身体不是平的,应向后下方斜伸,与头颈部形成上下的动态反差,以表现其叫时的状态,而尾部羽毛稍向上翘起,这是雄鸡明显的特征。

3.雄鸡喙与头的结构关系与其他禽类的结构关系一样,喙角镶入头前部约1/3处,叫时,上下喙应张开,呈三角形。可将眼睛刻得稍大点,眼珠轮廓要清晰,中间的瞳孔要刻得深而坚定,以表现其神韵。

【友好建议】

1.教师示范时应突出雄鸡各部位的造型比例关系和头部的外形特点。

2.教师应反复强调并指导学生把握好雄鸡叫时的神韵。

3.一般安排8课时:2课时,教师示范;3课时,教师指导学生雕刻雄鸡身体;3课时,学生独立完成作品。

【考核标准】

| 考核项目 | 考核要点 | 分值 |
|---|---|---|
| 雕刻<br>雄鸡报晓 | 造型独特、动态逼真 | 30 |
| | 结构合理、比例协调 | 30 |
| | 刀工精细、线条流畅 | 20 |
| | 120分钟内完成 | 20 |
| 总 分 | | 100 |

## 模块21　练习雕刻鸳鸯

【知识要点】

要点1：寓意与作用

鸳鸯，为水禽之一种，体形小于鸭子，造型独特，羽毛色泽艳丽，特别是雄性的羽冠十分美丽。其性温顺，在水中常常是雄雌结伴而游，所以，在中国传统文化中，将鸳鸯誉为专一爱情和美满婚姻的象征。因而，此造型非常适用于婚宴。有些作品中，还将用白萝卜雕刻成的莲花伴在鸳鸯左右，取白莲"百年"的谐音，有和谐美满、白头偕老之意。

要点2：常用原料

雕刻鸳鸯的常用原料是质地结实、体积较长大的瓜果、根茎原料，如实心南瓜、大萝卜、荔浦芋等。

要点3：常用工具

雕刻鸳鸯的常用工具主雕刀、V形和U形槽刀等。

要点4：常用手法

雕刻鸳鸯的常用手法有直握手法、横握手法、执笔手法、戳刀手法。

【技能训练】

长南瓜1个、重约5斤

1.取南瓜一块,用菜刀将其切成近似长方体的形状,其长宽比约2:1,厚度约为宽度的1/2(图1)。

图1

2.雕刻头部、颈部:用执笔手法先将作品头顶冠羽前凸后凹的曲线刻好,然后把喙雕成尖扁形,刻出略微弯曲的喙,之后往下刻出颈部的曲线,最后刻出眼睛和颈部的羽毛(图2、图3)。

图 2

图 3

3.雕刻身体与尾部:先将身体的大小和长度修整好,胸部呈凸圆形,往后端逐渐收小,背部宽些,腹部渐渐收小些。然后在身体左右两侧,用主刀刻出向下弯曲的翅膀轮廓,将其下一层废料去掉,使翅膀突出并从前往后刻出翅膀上层相叠的羽毛。刻羽毛时,可用主刀,也可用槽刀。最后刻背上的相思羽,即将翅膀上端的三角形原料左右两面刻成略凹的斜面,并将其靠头颈部的边刻成内凹的曲线,将朝后的边刻成 4～5 个外凸的弧形,而后刻出与前曲线基本平行的纹路线条(图4)。

图 4

4.雕刻尾部:将尾部雕刻成略向上翘的尖锥形,并在上面用 U 形槽刀戳刻出羽毛(图5)。

图 5

5. 以上为雄鸳鸯的雕刻流程,雌鸳鸯除没有相思羽外,其他雕刻内容均与雄鸳鸯相同。最后将雕刻好的雌雄鸳鸯组合在一起(图6)。

图6

【拓展空间】

使用此方法,可练习雕刻天鹅。

## 小知识——鸳鸯

鸳鸯在人们心目中是永恒爱情的象征,是相亲相爱、白头偕老的表率。人们甚至认为,鸳鸯一旦结为配偶,便相伴终生,即使一方不幸死亡,另一方也不再寻觅新的配偶,而是孤独凄凉地度过余生。其实,这只是人们看见鸳鸯在清波明湖中的亲昵举动,通过联想产生的美好愿望,是人们将自己的幸福理想赋予了美丽的鸳鸯。事实上,鸳鸯在生活中并非总是成对生活的,配偶更非终生不变,在鸳鸯的群体中,雌鸟也往往多于雄鸟。

【温馨提示】

1. 雕刻鸳鸯时,不要忽视粗坯的形体关系和比例安排,应掌握其头颈、身体与尾部大约各占身体 1/3 的比例关系。

2. 要强调和适当夸张鸳鸯的造型特点,特别要突出鸳鸯头部的冠羽和雄鸳鸯背部的相思羽的效果。

3. 要将鸳鸯的羽毛刻得整齐,层次清晰,以表现鸳鸯羽毛的华丽。

【友好建议】

1. 教师示范时,应突出鸳鸯各部位的造型比例关系和头部的外形特点。

2. 教师应反复强调并指导学生把握好鸳鸯和谐的神韵。

3. 一般安排 8 课时:2 课时,教师示范;3 课时,教师指导学生进行鸳鸯身体雕刻练习;3 课时,学生独立完成作品。

【考核标准】

| 考核项目 | 考核要点 | 分值 |
|---|---|---|
| 雕刻鸳鸯 | 动态生动、神韵和美 | 30 |
| | 结构合理、比例协调 | 30 |
| | 刀工精细、线条流畅 | 20 |
| | 120 分钟内完成 | 20 |
| 总　分 | | 100 |

## 模块22　练习雕刻松鹤延年

【知识要点】

要点1：寓意与作用

鹤，是一种候鸟，造型独特，喙长、颈长、脚长。在我国传统文化中为吉祥、长寿的形象，而松树则被人们赋予坚韧和长青的含义。所以，此造型便有了长青长寿和吉祥的内涵，广泛适用于中高档宴席和展台装饰，更直接适用于寿宴的装饰。

要点2：常用原料

雕刻松鹤延年的常用原料是质地结实、体积较长大的瓜果、根茎原料，如白萝卜、红樱桃。

要点3：常用工具

雕刻松鹤延年的常用工具有主雕刀、V形和U形槽刀等。

要点4：常用手法

雕刻松鹤延年的常用手法主要有直握手法、横握手法、执笔手法、戳刀手法。

【技能训练】

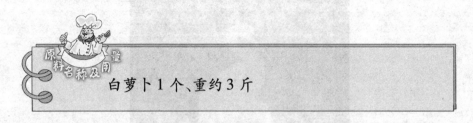

白萝卜1个、重约3斤

1. 修整粗坯:将白萝卜修整成一头大、一头小的长菱形。切下的两块长的余料留着刻翅膀(图1)。

图1

2. 雕刻头部、颈部:在原料顶端先确定出头的位置,用执笔手法刻出头顶的曲线,并将头前面的原料两面刻薄后刻出尖长的喙,然后把椭圆形的头形刻好,接着刻颈部。先将头下颈部前面的外形曲线和长度刻好,再刻出与之相应的颈部后面的曲线轮廓。颈部应细长些且有一定的弯曲度(图2)。

图 2

图 3

3. 雕刻身体与尾部：先从颈部往下，刻出向外凸起的胸部，然后将腹部和背部的轮廓曲线刻好，背部略微上凸，最后确定尾部的大小、长短，并将从上向下弯曲的长条形尾羽刻出（图 3）。

4. 雕刻翅膀：将预留的两块刻翅膀的原料刻成长月牙形，并刻至约 1 厘米的厚度，然后从前至后刻出小复羽、中复羽和飞羽（图 4）。

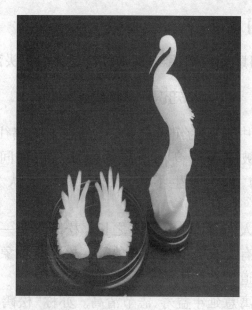

图4

图5

5.修整组合:先用主刀刻出苍劲的松树树干和树枝的外形,再用小U形槽刀刻出树干上鱼鳞状的粗糙的树皮。然后刻松针,先刻出若干扇形,并用主刀或V形槽刀刻出放射状线条。用心里美萝卜刻一个水滴形薄片,并用黏合剂装在鹤的头顶部,然后用牙签和黏合剂把刻好的双翼装在鹤身体两侧相应位置处。将鹤插在松树干上,最后用黏合剂把刻好的松针装在树枝上(图5)。

**【拓展空间】**

用此方法可雕刻白鹭,雕刻时应注意抓住白鹭头部的特点。

## 小知识——松鹤延年

鹤,在传说中被视为出世之物,得道之士骑鹤往返,修道之士以鹤为伴。鹤被赋予了高洁情志的内涵。在民间,鹤被视为仙物,既然是仙物,自然长生不死,因而,鹤常被认为鸟中长寿的代表。

松,在古代人们心目中是百木之长。松除了是一种长寿的象征外,也常常作为有志有节的代表和象征。松的这种象征意义为道教所接受,遂成为道教神话中长生不死的重要原型。

松鹤延年,寓意延年益寿、志节清高。亦称"松鹤同春"。

**【温馨提示】**

1. 喙的长度相当于 1.5 个头长。喙要直,不能弯曲,喙根要稍锲入头的前部。

2. 颈部细长,约为 2 个头部长,呈自然弯曲状,自上而下由细至稍粗,使之自然与身体连接。

3. 脚细长且直,其长度与颈部长度相仿。

**【友好建议】**

1. 教师应反复强调并指导学生把握好仙鹤祥和的神韵。

2. 一般安排 8 课时:2 课时,教师示范;3 课时,教师指导学生进行身体雕刻练习;3 课时,学生独立完成作品。

【考核标准】

| 考核项目 | 考核要点 | 分值 |
|---|---|---|
| 雕刻<br>松鹤延年 | 造型逼真、姿态生动 | 30 |
| | 结构合理、比例协调 | 30 |
| | 刀工精细、线条流畅 | 20 |
| | 120 分钟内完成 | 20 |
| 总　　分 | | 100 |

## 模块 23　练习雕刻雄鹰展翅

【知识要点】

要点 1：寓意与作用

鹰，是猛禽的一种，体形较大，造型威武，飞翔能力极强，喙较长大，弯钩锐利。通过对"锐利的目光"、"有力的翅膀"和"钢铁般的利爪"形象的塑造，可展现勇猛顽强、无坚不摧的雄鹰形象。人们往往把鹰比喻为有高远志向且不畏艰辛、展翅拼搏的形象，因而，此造型既广泛适用于中高档宴席和展台的装饰，"鹏程万里"更适用于庆功宴或年轻人的生日宴席。

要点 2：常用原料

雕刻雄鹰展翅的常用原料是质地结实、体积较长大的瓜果、根茎原料，如实心南瓜、白萝卜等。

要点 3：常用工具

雕刻雄鹰展翅的常用工具有主雕刀、V 形和 U 形槽刀等。

要点 4：常用手法

雕刻雄鹰展翅的常用手法有直握手法、横握手法、执笔手法、戳刀手法。

【技能训练】

长南瓜 1 个、重约 5 斤

1.雕刻头部、颈部:在原料顶端一侧用主刀刻出一个三角形,备用。在三角形下凸出部位的一侧靠边沿约 1 厘米处往里刻并去掉废料,然后雕刻出呈弯钩状的鹰喙,并沿着下喙外边刻出颈和胸部。在喙角与头顶间的位置,刻出眼睛,最后将头顶和颈部上边的轮廓刻好,延伸至三角尖处(图1、图2、图3)。

图 1

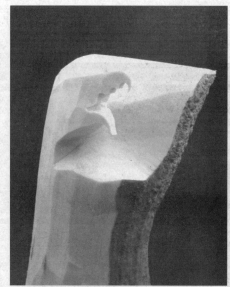

图 2

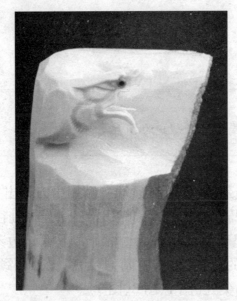

图 3

2. 雕刻身体与尾部：将一块原料组装在身体的后端作为尾部，并雕刻出身体与尾部的羽毛（图 4、图 5）。

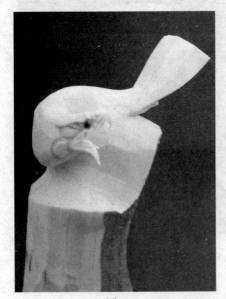

图 4

图 5

3. 雕刻脚爪：在腹部后下方的位置处，先刻出略向后曲的腿，然后刻出向前曲的脚爪。爪尖向里钩，前面为三个趾，后面一个趾稍短些。然后刻出脚爪上横向的角质纹路。对脚爪下剩余的原料稍作修整，雕刻岩石或云纹或浪花，以作衬托（图6）。

图 6

4. 雕刻翅膀：用余料或另取原料，先将两个展开的翅膀内侧的三角形轮廓雕刻出来，再把翅膀外侧的废料刻去，使翅膀的厚度为1厘米左右。在翅膀前端从上至下略长于1/2的位置处，刻出稍向外凸的关节。用主刀或U形槽刀刻出翅膀上的小复羽、中复羽和飞羽，并用主刀或刻线刀在飞羽上刻出羽毛的纹路。最后用牙签和黏合剂把刻好的双翼装在雄鹰身体两侧相应的位置处（图6）。

【拓展空间】

鹰通常是食品雕刻创作者较喜欢的雕刻题材，用上述方法，通过改变鹰的姿态，可雕刻出"大鹏展翅""鹰击长空"等不同作品。

**【温馨提示】**

1. 雕刻时,应注意作品的结构关系。向上展开的翅膀应在身体的两侧,转动的头与颈部一定要与双翼间的背脊相连接。

2. 鹰的身体宽度大约只是体长的1/4,切忌把作品刻得太肥、太臃肿。作品应能体现鹰姿矫健的特点。

**【友好建议】**

1. 教师应反复示范鹰的眼睛、翅膀、爪子的雕法,抓住鹰目光锐利、翅膀有力和利爪如钢铁般的特点,以表现鹰的勇猛顽强、无坚不摧的神韵。

2. 一般安排8课时:3课时,教师示范;2课时,学生进行头部雕刻练习;3课时,学生独立完成作品。

**【考核标准】**

| 考核项目 | 考核要点 | 分值 |
|---|---|---|
| 雕刻<br>雄鹰展翅 | 造型逼真、姿态生动 | 30 |
| | 结构合理、比例协调 | 30 |
| | 刀工精细、线条流畅 | 20 |
| | 120分钟内完成 | 20 |
| 总　分 | | 100 |

# 模块 24 练习雕刻丹凤朝阳

## 【知识要点】

### 要点 1：寓意与作用

丹凤，又称凤凰，有雌雄之分，雄为凤，雌为凰，总称"凤凰"。凤凰是鸡头、燕颔、蛇颈、龟背、鱼尾，身披五彩色，被认为是百鸟中最尊贵者，为鸟中之王，有百鸟朝凤之说。自古以来，它就是中华民族传统文化的重要组成部分。凤凰齐飞，是吉祥和谐的象征。该造型适用于各种中高档宴席、菜肴的装饰及展台布置。

### 要点 2：常用原料

雕刻丹凤朝阳的常用原料是质地结实、体积较长大的瓜果、根茎原料，如实心南瓜、大萝卜、荔浦芋等。

### 要点 3：常用工具

雕刻丹凤朝阳的常用工具有主雕刀、V 形和 U 形槽刀等。

### 要点 4：常用手法及刀法

雕刻丹凤朝阳的常用手法与刀法主要有直握手法、横握手法、执笔手法、戳刀手法及旋刻刀法等。

【技能训练】

原料名称及用量
长南瓜1个、重约5斤

1.粗坯修整:选用比较粗长的南瓜,用直握手法将底部削一刀,使原料平稳稍斜立。在原料顶部两侧再各削一刀,成上窄下宽的形状(图1)。用横握手法刻出凤的大体轮廓,身体与尾部的比例为1:1.2。(图2)。

图1

图2

2.雕刻头颈部:在原料顶端1/3处雕刻头部。先用旋刻刀法刻出凤冠。在凤冠前端用旋刻刀法刻出上喙,再用同样的刀法刻出比上喙稍短的下喙。在凤嘴下端雕刻出一对肉垂。然后用执笔手法

在头部的两侧雕刻出细长的凤眼,眼角上挑。最后刻好颈部,并用 V
形槽刀槽出颈部的 2 ~ 3 层羽毛(图3)。

图 3

3. 雕刻身体:用横握
手法将身体修整成稍长的
鹅蛋形。在身体两侧、胸
部后面确定一对翅膀。给
翅膀刻三层羽毛:第一层
是小复羽,形如半圆;第二
层是中复羽,形如椭圆;第
三层是飞羽,稍微比第二
层的羽毛长些,羽毛层层
相叠。最后用执笔手法在
身体下端两侧刻出一对细
长的脚爪(图4)。

图 4

图 5

4.雕刻尾部:用 V 形槽刀在尾部槽出三条曲线,然后用执笔手法分别在三条曲线的两边刻画出柳叶状或火焰状的羽毛外形,再将多余的废料去除,使尾部前端与原料分离,让尾羽飘逸。(图 5)

5.拼装凤冠和相思羽:另取原料,用主雕刀刻出云彩状的前冠和一对相思羽,然后用牙签或黏合剂将其拼装到凤的头部和背部即可。(图 6)

图 6

【拓展空间】

用上述方法,可雕刻锦鸡、绶带鸟等作品,雕刻的关键是抓住作品头部、尾部的特征。

【温馨提示】

1.雕刻时,应掌握好凤凰各个部位的比例关系:身体与尾部的比例为1:1.2;头颈部与躯干的比例为1:1。

2.雕刻时,要抓住凤凰的外形特征,使凤冠流畅,前冠形如灵芝,眼细长,眼角上挑,肉垂与雄鸡的肉垂相似,相思羽与鸳鸯的一样,为半个月牙形。

【友好建议】

1.教师应指导学生把握好凤凰高贵而典雅的神韵。

2.本作品的整雕难度很大,教师应先指导学生进行分项练习,再进行整体雕刻。

3.一般安排10课时:2课时,教师示范;2课时,学生进行凤凰头部的雕刻练习;3课时,学生进行凤凰身体的雕刻练习;3课时,学生独立完成作品。

【考核标准】

| 考核项目 | 考核要点 | 分值 |
|---|---|---|
| 雕刻<br>丹凤朝阳 | 造型逼真、姿态生动 | 30 |
| | 结构合理、比例协调 | 30 |
| | 刀工精细、线条流畅 | 20 |
| | 120分钟内完成 | 20 |
| 总　分 | | 100 |

## 模块 25　练习雕刻孔雀迎宾

【知识要点】

要点 1：寓意与作用

孔雀，是禽类中体形较大的一种，其造型独特，特别是雄孔雀，羽毛色泽绚丽，尾羽长大。在中国传统文化中，孔雀被视为吉祥、善良、美丽、华贵、自信的象征。该作品造型适用于各种中高档宴席、菜肴的装饰及展台布置。

要点 2：常用原料

雕刻孔雀迎宾的常用原料是质地结实、体积较长大的瓜果、根茎原料，如实心南瓜、白萝卜等。

要点 3：常用工具

雕刻孔雀迎宾的常用工具有主雕刀、V 形和 U 形槽刀等。

要点 4：常用手法

雕刻孔雀迎宾的常用手法有直握手法、横握手法、执笔手法、戳刀手法等。

【技能训练】

长南瓜1个、重约5斤

1. 修整粗坯:选择比较粗大的南瓜,在底部削一刀,使原料能平稳直立。在原料顶部两侧各向下削一刀,呈上窄下宽的形状。按所构思的孔雀姿态,用混合刀法修出孔雀的大体轮廓(图1、图2)。

图1

图2

2. 雕刻头颈部:用混合刀法将孔雀头部修整为椭圆略带三角菱形。先用执笔手法雕刻出孔雀嘴,接下来雕画出眼睛。雕刻时要注意,眼睑处应有一块较大的孔雀雀斑。(图3)。

图3

3. 雕刻身体:用混合刀法将孔雀身体修整成稍大的鹅蛋形,并用相同的刀法在作品身体下端雕刻出一对细长的脚爪的轮廓(图4)。

图4

4.雕刻翅膀:另取一块原料,定出翅膀的粗坯形状。先刻出孔雀稍向外凸的关节,然后用主刀或 U 形槽刀刻出翅膀上的小复羽、中复羽和飞羽,并用主刀或刻线刀在飞羽上刻出羽毛的纹路(图5至图8)。

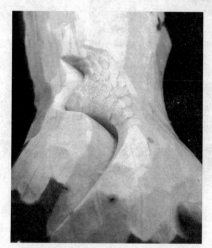

图 5

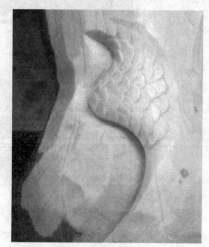

图 6

图 7

图 8

5.雕刻尾羽:孔雀尾部羽毛呈扇面形,较长大,每层尾羽交错重叠。雕刻时,先用 V 形槽刀在作品尾部槽出第一层细长尾羽(图9),另取原料,刻出孔雀的扇面形尾羽(图10)。

图 9

图 10

6.组装:用拼装的技法,将刻好的翅膀及尾羽按照由下而上、由外而里的顺序拼装在孔雀身上,调整成型(图11)。

图 11

【拓展空间】

## 小知识——孔雀开屏

孔雀的头部较小,头上有一些竖立的羽毛,嘴较尖硬。雄鸟的羽毛很美丽,以翠绿、青蓝、紫褐等色为主,也有白色的,并带有光泽。雄孔雀尾部的羽毛延长成尾屏,有各种彩色的花纹,开屏时非常艳丽,像扇子。雌鸟无尾屏,羽毛色泽也较差。

孔雀开屏是鸟类的一种求偶表现,每年四五月生殖季节到来时,雄孔雀常将尾羽高高竖起,宽宽地展开,绚丽夺目。雌孔雀则根据雄孔雀羽屏的艳丽程度来选择交配对象。

孔雀开屏也是为了保护自己。在孔雀的大尾屏上,我们可以看到五色金翠线纹,其中散布着许多近似圆形的"眼状斑",这种斑纹从内至外是由紫、蓝、褐、黄、红等颜色组成的。一旦遇到敌人而又来不及逃避时,孔雀便会突然开屏,然后抖动尾屏"沙沙"作响,很多的"眼状斑"随之乱动起来,敌人畏惧于这种"多眼怪兽",也就不敢贸然前进了。

孔雀喜欢成双或小群居住在热带或亚热带的丛林中,主要分布于亚洲南部,我国只有云南才有野生孔雀。孔雀平时走着觅食,爱吃野梨等野果,也吃谷物和草子。

【温馨提示】

1. 雕刻时应注意,孔雀头部呈三角棱形,颈部不能太僵硬,要尽量刻得圆滑、灵活、丰满些。

2. 雕刻时应注意,孔雀身体和尾部之间的比例为 1:1.5。

3. 孔雀尾部的雕刻和组装效果可以说是整个孔雀作品成功与否的关键。组装时应注意,中间的尾翎长,两边的尾羽逐渐变短。组装好的尾羽应呈扇面形。

【友好建议】

1. 教师应指导学生抓住孔雀的外形特征,展现孔雀华贵、自信的姿态。

2. 一般安排 10 课时:3 课时,教师示范;2 课时,学生进行孔雀头部雕刻练习;5 课时,学生独立完成作品。

【考核标准】

| 考核项目 | 考核要点 | 分值 |
|---|---|---|
| 雕刻<br>孔雀迎宾 | 造型逼真、姿态生动 | 30 |
| | 结构合理、比例协调 | 30 |
| | 刀工精细、线条流畅 | 20 |
| | 120 分钟内完成 | 20 |
| 总　分 | | 100 |

## 模块26　练习雕刻骏马奔腾

【知识要点】

要点1：寓意与作用

马，是家畜中的一种，体形矫健膘壮，四肢发达，善奔跑。在中国传统文化中，马多被赋予不畏艰辛、锐意进取甚至宏图大略的含义。该作品造型适用于各种中高档宴席、菜肴的装饰及展台布置。

要点2：常用原料

雕刻骏马奔腾的常用原料是质地结实、体积较长大的瓜果、根茎原料，如实心南瓜、白萝卜等。

要点3：常用工具

雕刻骏马奔腾的常用工具有主雕刀、V形和U形槽刀等。

要点4：常用手法

雕刻骏马奔腾的常用手法有直握手法、横握手法、执笔手法、戳刀手法。

【技能训练】

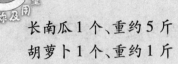

长南瓜1个、重约5斤
胡萝卜1个、重约1斤

1.修整粗坯:取长宽比例约为2:1的原料,将原料底部切平,使原料平稳而立。以执笔手法在粗坯上用主刀确定出马头、颈部、前脚等身体轮廓的位置(图1)。

图1

2.雕刻头颈部:先在作品头顶两侧刻出立起的呈三角形的耳朵,然后刻出前额到鼻端的轮廓,随后刻出头部的轮廓,再刻出上小下大略弯曲的圆柱体的颈部。再取一块胡萝卜原料,刻出飘逸的马鬃毛,从头顶组装到颈部的后方(图2至图4)。

图2　　　　　　　　　　图3

图4

3.雕刻身体与后腿：先在颈部的下前端雕刻出骏马健壮的胸

部,然后把马背稍向下凹的曲线轮廓和腹部的外凸曲线轮廓刻好,使臀部较圆润,后腿上部较粗大、下部明显较细(图5)。

图 5

图 6

4. 雕刻前腿:取两块长方形原料,粘在作品胸部两侧,并刻出一对奔腾状的前脚(图6)。

5. 雕刻尾部及底座:另取一块胡萝卜原料,刻出向后飘动的马尾鬃毛并去掉多余的废料,将马尾组装到相应位置处,最后将马体下面的原料刻成草坡或山石状(图7)。

图 7

【拓展空间】

可用此技法雕刻牛、羊等家畜。

## 小知识——昭陵六骏

昭陵,是指唐太宗李世民和文德皇后的合葬墓,位于陕西省礼泉县,其北面祭坛东西两侧有六块骏马青石浮雕石刻。这组石刻分别表现了唐太宗在开国重大战役中所乘战马的英姿,分别名为拳毛䯄、什伐赤、白蹄乌、特勒骠、青骓、飒露紫。为纪念这六匹战马,李世民令工艺家阎立德和画家阎立本(阎立德之弟),用浮雕描绘六匹战马列置于陵前。每块石刻宽约 2 米、高约 1.7 米。昭陵六骏造型优美,雕刻线条流畅,刀工精细、圆润,是珍贵的古代石刻艺术珍品。

**【温馨提示】**

1. 雕刻时,应注意把握马各部位的结构和比例关系,特别要刻画出其强壮的骨骼和主要的肌肉结构。

2. 雕刻时,应能体现马的动态、动势和神韵。雕刻鬃毛要有起伏,脚的关节、马蹄的结构要分明、清晰。不能把脚刻得太粗,以免臃肿。

**【友好建议】**

1. 教师应提醒学生用 U 形刀定出作品身体的形状,尽量减少刀痕。

2. 一般安排 8 课时:3 课时,教师示范;2 课时,学生进行骏马头部雕刻练习;3 课时,学生独立完成作品。

**【考核标准】**

| 考核项目 | 考核要点 | 分值 |
|---|---|---|
| 雕刻<br>骏马奔腾 | 造型逼真、姿态生动 | 30 |
| | 结构合理、比例协调 | 30 |
| | 刀工精细、线条流畅 | 20 |
| | 120 分钟内完成 | 20 |
| 总　分 | | 100 |

# 模块 27　练习雕刻蛟龙出海

## 【知识要点】

### 要点 1：寓意与作用

龙，是中国人独特的文化符号。"龙的精神"是中华民族的象征，中国人以能够成为龙的传人而感到无比自豪。

龙是古人所创造并神化了的一种动物图腾。它集多种动物的特点于一体，如鹿的角、牛的鼻子、虎的嘴、狮的鬃毛、蛇的身、鹰的爪等。此作品造型可用于高档宴席和展台，适用于各种中高档宴席、菜肴的装饰及展台布置。

### 要点 2：常用原料

雕刻蛟龙出海的常用原料主要是质地结实、体积较长大的瓜果、根茎原料，如实心南瓜、白萝卜等。

### 要点 3：常用工具

雕刻蛟龙出海的常用工具有主雕刀、V 形和 U 形槽刀等。

### 要点 4：常用手法

雕刻蛟龙出海的常用手法有直握手法、横握手法、执笔手法、戳刀手法。

【技能训练】

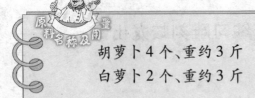

原料名称及用量

胡萝卜4个、重约3斤
白萝卜2个、重约3斤

1.雕刻头部:取一段胡萝卜原料,将其修整成长宽比例约为2:1的长方形后,再将其进一步修整成前端薄后端宽的梯形粗坯(图1)。

图1

2.雕刻龙头:分步骤雕刻出龙头的各部位。

首先,雕刻龙眼、龙眉及龙鼻。

(1)在粗坯前端较薄处靠近边沿的部位,用主刀下刻约0.5～1厘米深,再斜刻出一个斜凹面(图1),供雕刻龙鼻时用。用同样方法在斜凹面左侧刻出另一个凹槽(图1),供雕刻龙眼时用。去掉废料。

(2)在凹槽面上刻出蛟龙火焰状的眉毛,以及眉下前圆后尖的眼睛(图2)。

（3）在斜凹面两侧刻两个斜面,然后用 U 形刀在两个斜面上分别刻出左右鼻翼和鼻孔,注意将鼻尖刻低一些(图2)。

图 2

其次,雕刻龙嘴、龙牙、龙须。

（1）将龙头两侧略内凹、前窄后宽的关系刻好,然后刻出嘴巴上边的轮廓,其长度由鼻尖下至眼睛中间下方(图3)。

（2）再刻龙牙。嘴巴最前端和嘴角的两个獠牙呈半个月牙形,稍长大些。从嘴角往下斜刻出张开的嘴巴的下边的轮廓(图3)。

（3）用 V 形刀或主刀

图 3

刻出鼻子前的胡须,然后刻出牙齿、舌和下巴上的胡须(图4)。

(4)以嘴角为中点,刻出龙面颊的两三块弧形肌肉和其后放射状的尖刺形的腮。去掉一层废料,再刻出呈放射状的龙须(图4)。

图 4

(5)在眼角后方刻出呈三角形的耳朵,从额头一直向后延伸的、后面开衩的龙角。去掉多余的废料(图5)。

图 5

3.分步骤雕刻龙身(图6)。

(1)取较长大的实心胡萝卜原料,先将其修整成长宽比为2:1的三块长方体。

(2)将这三块长方体原料分别刻成三段弯曲的圆柱体粗坯,做躯干用。雕刻时应注意,颈部和尾部的躯干要稍细一些。

(3)在圆柱体粗坯上刻出龙身体背部的鳞片和腹部横向的鳞纹,以及火焰状的尾巴。

(4)刻出薄片的齿刺状龙脊,并用黏合剂组装于龙身的背脊处。

图6

4.雕刻龙爪:取四块长方体粗坯,分别刻出龙爪(图7、图8)。

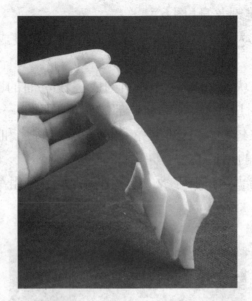

图 7

图 8

5.雕刻波浪:用长方条形白萝卜原料刻出大小不一、起伏的波浪。

6.组装:将龙头、龙身、龙爪用黏合剂和竹签组装成一条完整的龙,再把刻好的波浪组装于龙身下面。波浪的大小、长短和高低起伏,可视整体造型效果的需要适当增添或删减(图9)。

图9

【拓展空间】

可用此技能雕刻不同姿态的龙。也可用龙头与龟身、鱼身、马身相结合雕刻出鳌龟、鳌鱼、麒麟等瑞兽。

## 小知识——中国龙

龙,是中国神话中的一种善变化、能兴云雨、利万物的神异动物。传说它能隐能显,春风时登天,秋风时潜渊。又能兴云致雨,为众鳞虫之长,四灵(龙、凤、麒麟、龟)之首,后成为皇权的象征。历代帝王都自命为龙,所用器物也以龙为装饰。前人分龙为四种:有鳞者,称蛟龙;有翼者,称应龙;有角者,称虬龙;无角者,称螭龙。

对现代中国人来说,龙的形象更是一种符号、一种情感,"龙的子孙"、"龙的传人"这些称谓,常令人们激动、奋发、自豪。

龙的文化除了在中华大地上传播外,还被远渡海外的华人带到了世界各地,在世界各国的华人居住区或中国城内,最多和最引人注目的饰物就是龙,因而,"龙的传人"、"龙的国度"等称谓获得了世界的认同。

【温馨提示】

1.用作雕龙头的粗坯的大小、长宽、厚度的比例要适当,否则会影响成品效果。

2.龙头的结构较复杂,要处理好每个结构之间的变化和互相的组合关系。具体说,要想眼睛有神,就要将其刻得适当的大点、圆点;鼻梁要低、鼻子要短,但鼻头要宽大些;嘴要大,牙齿要尖锐,角要长大,形似鹿角;龙须要呈放射状,要刻得线条流畅、清晰,既飘逸又有张力;眼珠的表现手法有三种:一是圆球状的,二是在眼球前端再刻出瞳孔,三是用小赤豆、八角子等组装于眼窝处。

3.龙身的大小、长短要与龙头的比例协调,结构要合理,弯曲要自然。

4.龙爪的大小同样要与龙头、龙身的比例关系协调,不能太小也不要过大。爪与鹰爪一样要刻得锐利有力。

5.龙其实是一种集多种动物(牛、鹿、蛇、虎等)的造型特点于一体的理想化的图腾,在实际雕刻时,并没有真实的物象进行参考和比照,只能按前人约定俗成的造型作为参照,这就给了我们更多的创造空间。

6.波浪变化较大且没有固定的模式,这就给雕刻带来了一定的难度。雕刻时,应善于寻找雕刻波浪的规律,虽然波浪的大小、起伏不一,但它们都是由弯度不同的曲线所构成的。

【友好建议】

1.教师示范时应突出龙各部位的造型比例关系和头部的外形特点。

2.教师应反复强调并指导学生把握好龙的神韵,要求学生加强训练。

3.一般安排 8 课时:3 课时,教师示范;2 课时,学生进行蛟龙头部的雕刻练习;3 课时,学生独立完成作品。

【考核标准】

| 考核项目 | 考核要点 | 分值 |
|---|---|---|
| 雕刻<br>蛟龙出海 | 造型逼真、姿态生动 | 30 |
| | 结构合理、比例协调 | 30 |
| | 刀工精细、线条流畅 | 20 |
| | 120 分钟内完成 | 20 |
| 总　分 | | 100 |